# 冶金加热炉液压机械可靠性研究与工程应用

刘雅俊 著

科学出版社
北京

## 内 容 简 介

本书是作者在中国冶金科工集团研究设计院多年从事冶金机械及液压系统工程中关于冶金加热炉项目的设计、制造、安装、调试工作及可靠性研究的基础上写成的。书中的实例主要涉及板坯与钢管热处理步进式加热炉，内容包括机械与液压系统的可靠性设计、降额可靠性设计原理、可靠度计算与预测、可靠性试验、可靠性管理与维修等方面。

本书适合于直接或间接从事冶金机械及液压系统相关工作的工程技术人员，对于从事可靠性工程实践的读者以及从事其他类似的液压驱动大负载机械设备的设计、使用的读者，也具有重要的借鉴意义。

本书获得河北科技师范学院学术著作出版基金、河北科技师范学院博士启动基金、河北科技师范学院研究生案例库建设基金、河北省专业学位研究生教学案例建设项目、秦皇岛市科技支撑计划项目、中冶集团研究设计院技术开发项目的支持。

**图书在版编目（CIP）数据**

冶金加热炉液压机械可靠性研究与工程应用 / 刘雅俊著. —北京：科学出版社，2017.6
 ISBN 978-7-03-052969-5

Ⅰ. ①冶… Ⅱ. ①刘… Ⅲ. ①冶金炉—液压机—结构可靠性 Ⅳ. ①TF06

中国版本图书馆 CIP 数据核字（2017）第 116401 号

责任编辑：邓 静 / 责任校对：王 瑞
责任印制：吴兆东 / 封面设计：迷底书装

*科 学 出 版 社* 出版
北京东黄城根北街 16 号
邮政编码：100717
http://www.sciencep.com

*北京京华虎彩印刷有限公司* 印刷
科学出版社发行 各地新华书店经销

\*

2017 年 6 月第 一 版　开本：720×1000 1/16
2018 年 1 月第二次印刷　印张：9 1/4　插页：2
字数：300 000
**定价：90.00 元**
（如有印装质量问题，我社负责调换）

**版权所有，侵权必究**
举报电话：010-64030229　010-64034315　13501151303

# 序 一

  本书是作者刘雅俊这些年在中冶集团研究设计院关于步进式加热炉方面工作的一次较为系统的提炼和总结。刘雅俊主持、参与大型冶金建设项目数十项,其中热轧步进式加热炉项目也超过 10 项,具有较丰富的工程设计、设备制造、机械安装、生产线调试等相关经验,这些经验对于从事相关领域的研究人员、工程技术人员无疑是具有重要参考价值的。

  在这里特别要提到的是,作者提出了一种由于设计不当而导致失败的案例,以便于提高复杂系统可靠性,进而指导工程设计与实践的设计思路。这是符合实践论思想和工程设计规律的,根据实践论,任何事物水平的提高都需要经历"由实践上升为理论,用理论指导实践,然后产生新的理论,并指导新的实践",这里面失败案例所反映的信息,无疑是最深刻而有效的指导实践的理论信息之一。这些信息的收集、整理、加工和提炼,去伪存真,无疑需要坚实的专业基础和丰富的实践经验,更加需要投入宝贵的时间和精力,只有做到这些,才能实现工程中提出的日益严格的目标。

  目前,我国在大力提倡科技创新与经济结构升级,科教界有识之士已经提出"要把论文写在大地上"。相信这本源于实践的书,能够为从事冶金工程设计、建设的专业人士,尤其是直接从事冶金机械及液压系统相关技术的工作者提供一些帮助。

华长春<br>
2016 年 5 月 1 日

# 序 二

刘雅俊的这本书包含了他从参加工作一直到博士毕业多年以来一直专注于冶金机械及液压系统领域所取得的一些成果。其中包括液压系统的故障改进可靠性设计、液压元件降额可靠性设计、对薄弱环节的可靠性优化、液压系统简化设计、液压系统可靠度预测、可靠性试验和可靠性管理等方面的内容,内容翔实。

该书的一大特色是,详细叙述了将可靠性理论具体运用于实际液压系统的设计、制造、安装与调试的一些技术细节。此外,这些技术细节都取材于作者的工程实践,里面既有国内企业的案例,也有国外企业的案例,既有大型国有钢铁集团的工程,也有私有钢铁公司的工程,既有大型板坯步进式加热炉的设计,也有中小型钢管热处理步进式淬火炉、回火炉的设计。

这些对于直接从事相关工作的技术人员是具有参考价值的宝贵资料,对于从事该类项目设计的人来说,甚至可以直接采用。相信该书会对他们起到借鉴与启发作用。

孔祥东
2016 年 5 月 15 日

# 前 言

冶金工业是国民经济的支柱产业。在冶金工业中，尤其是热轧生产流程中广泛地应用加热炉作为工艺装备。无论是在热轧板带生产线、型钢生产线，还是在石油钢管的热处理生产线中，加热炉的装料与出料都是由炉底机械驱动完成的。相对于推钢式炉底、台车式炉底，步进式炉底机械可以改善坯料的加热质量，避免拱钢、粘钢等事故，因此，现代大型热轧加热炉的炉底机械大量采用步进式的炉底机械。也就是说，步进式炉底机械(本书简称为步进炉机或步进梁)是应用于冶金加热炉底部的大型运载装备。步进炉机对整条冶金生产线的产能和设备利用率都起着重要的影响与制约作用。

一方面，随着液压技术的发展与推广，它应用在以步进炉机为代表的冶金机械中的优点日益突出。例如，采用液压技术后，可以使得机构简化且配置灵活，负载驱动能力强，装机功率大，调速方便，等等，因此液压技术在步进式炉底机械的驱动与控制中得到广泛的采用。

另一方面，随着国内冶金企业优胜劣汰，对冶金机械的性能与质量提出了日益严格的要求，落实到炉底机械方面主要有两点：一是希望液压系统的可靠性进一步提高，保证充分的作业有效性，减少因故障而产生昂贵的停机损失；二是要求主机的机械结构能够进一步优化，降低自重，以提高机械的效率，降低承载部件维护与更换所占用的维修资源。

鉴于以上两方面原因，作者结合多项工程实践，应用可靠性工程的原理与方法，对步进炉机的液压系统与关键机械部件展开了可靠性分析与研究，取得了一些成果。将这些研究成果再应用于冶金加热炉的实际工程项目中，取得了较好的经济效益。由于冶金机械普遍存在大型、重载、电液驱动和可靠性要求严格等特点，这些成果对同类与类似工程也具有较高的借鉴价值。现在，将这些研究内容与成果整理为本书。

本书第 1 章绪论部分介绍研究对象步进炉机，论述可靠性工程发展概况、研究来源与主要研究工作，其他章紧密围绕步进炉机论述以下两个大方面的研究工作。

(1)通过长时间服务、走访生产一线，了解工程实践中炉底机械液压系统存在的缺陷与故障情况，深入研究大量的液压系统可靠性与故障分析的专业文献，对影响系统可靠性的因素进行归纳，并在炉底机械液压系统研发中采用可靠性设计的方法逐一进行解决，目的在于降低研发风险，提高系统的可靠性。实践中综合运用并联冗余可靠性原理、储备冗余可靠性原理、简化系统可靠性设计方法和提升系统薄弱环节可靠度的原则，由此完成多项步进式炉底机械液压系统的工程设计。这部分内容详见第 2 章。

在炉机液压系统可靠性管理的研究中，运用流程再造，提出针对总承包工程中步进式炉底机械液压系统可靠性管理流程的方法，并将其运用于工程实践中。通过分析液压设备可靠性管理团队的组成与职责，指出生产一线面向设备的维修人员是保障系统正常工作的关键环节，提出用"培训-实践-考核"相互渗透与结合的方法来提高维修人员可靠性。这部分内容详见第 5 章。

在液压设备的维修性设计研究中，列举了七项基本的维修性设计原则，将各项原则逐一应用到液压设备维修性设计中，并提出液压设备故障能修性的划分方法和故障可修性的模糊评判方法、标准，阐明针对三个分类区域的设备故障的不同应对策略。

为进一步对步进炉机液压系统的可靠度作出预计，依据概率理论与统计方法，对两种来源的液压主泵，依据失效数据与概率模型来对其可靠度差别进行分析，还进一步分析液压泵组可靠度的变化和控制阀组可靠度的变化。这部分内容详见第 2 章。

(2)通过对托辊部件进行维修性设计，改变工程中的维修方式，运用托辊部件整体更换的方法，缩短停机维修时间。建立托辊部件支撑系统的可靠性模型，定量计算其可靠度，并确定较为经济与合理的托辊备件数量。这部分内容详见第 3 章。

运用结构优化设计、有限元分析与液压加载可靠性试验相结合的可靠性设计与分析方法，验证经过设计优化的液压缸支座部件的结构可靠性。该方法有利于优化炉底机械结构，并可以达到降低设备重量、制造成本和更换部件的维修难度，提高整机运行效率，降低整机试验费用、研发风险，以及缩短设计周期等目的。这部分内容详见第 4 章。

由于实际工程项目的复杂性、建设过程的长期性和艰巨性，以及作者水平、精力和时间等因素所限，书中难免存在不周和疏漏之处，恳请阅读本书的各位专家、读者批评指正，作者不胜感谢。

刘雅俊

2016 年 3 月 1 日

于河北科技师范学院砺慧园

# 目 录

**第1章 绪论** ·········· 1
- 1.1 引言 ·········· 1
- 1.2 加热炉及步进式炉底机械概况 ·········· 1
  - 1.2.1 应用步进式炉底机械的加热炉 ·········· 1
  - 1.2.2 步进式炉底机械概述 ·········· 4
- 1.3 可靠性的研究历史、重要意义、发展及现状 ·········· 8
  - 1.3.1 可靠性的研究历史 ·········· 8
  - 1.3.2 可靠性研究的重要意义 ·········· 9
  - 1.3.3 液压系统可靠性研究的发展及现状 ·········· 11
  - 1.3.4 机械部件可靠性研究的发展及现状 ·········· 12
- 1.4 研究来源与主要研究内容 ·········· 14

**第2章 液压系统的可靠性设计与工程实践** ·········· 16
- 2.1 对液压系统以往故障经验的归纳 ·········· 16
  - 2.1.1 系统能源部分的归纳 ·········· 16
  - 2.1.2 控制与执行部分的归纳 ·········· 18
- 2.2 基于故障改进的可靠性设计 ·········· 21
  - 2.2.1 系统能源部分的可靠性设计 ·········· 21
  - 2.2.2 系统控制与执行部分的可靠性设计 ·········· 25
- 2.3 液压元件降额可靠性设计与匹配 ·········· 29
  - 2.3.1 工况模型建立与计算分析 ·········· 29
  - 2.3.2 液压元件选型的确定 ·········· 34
  - 2.3.3 系统性价平衡因子的计算 ·········· 36
- 2.4 对液压系统薄弱环节可靠性的优化 ·········· 37
  - 2.4.1 应用普通防爆阀的解决方法 ·········· 37
  - 2.4.2 并联冗余可靠性分析 ·········· 38
  - 2.4.3 可靠性优化与实施 ·········· 39
  - 2.4.4 实施结果的分析 ·········· 42
- 2.5 液压系统运行周期与定位精度指标的提高 ·········· 44
  - 2.5.1 系统性能指标存在的问题 ·········· 44
  - 2.5.2 提高性能的方案及分析 ·········· 44

2.6 对热处理线炉底机械液压系统的简化设计 ………………………… 47
　　2.6.1 系统能源部分的简化 …………………………………………… 48
　　2.6.2 控制与执行部分的简化 ………………………………………… 49
2.7 本章要点回顾 …………………………………………………………… 51

# 第3章 液压系统和炉机承载托辊可靠度的计算与预测 …………………… 52

3.1 液压系统可靠度数据统计与预测 ……………………………………… 53
　　3.1.1 两种油泵的可靠性统计与泵源的可靠度预测 ………………… 53
　　3.1.2 控制阀组和液压系统的可靠度计算与预测 …………………… 57
3.2 承载托辊的维修性设计与可靠度预测 ………………………………… 59
　　3.2.1 承载托辊维修设计与拆卸试验 ………………………………… 59
　　3.2.2 托辊承载系统的可靠度预测 …………………………………… 61
3.3 本章要点回顾 …………………………………………………………… 65

# 第4章 液压缸支座部件的结构可靠性试验研究 …………………………… 66

4.1 承载支座部件的结构试验理论与方法 ………………………………… 66
　　4.1.1 部件结构的弹性有限元理论 …………………………………… 66
　　4.1.2 部件结构的应变测试方法 ……………………………………… 68
4.2 承载支座部件的试验系统 ……………………………………………… 71
　　4.2.1 数据采集软件的功能与特点 …………………………………… 71
　　4.2.2 电阻应变传感器与应变仪 ……………………………………… 72
　　4.2.3 试验对象安装与加载系统 ……………………………………… 74
4.3 可靠性试验过程与数据处理分析 ……………………………………… 75
　　4.3.1 液压加载过程 …………………………………………………… 75
　　4.3.2 数据采集过程 …………………………………………………… 76
　　4.3.3 试验数据的处理 ………………………………………………… 79
　　4.3.4 试验结果的分析 ………………………………………………… 84
4.4 本章要点回顾 …………………………………………………………… 86

# 第5章 炉底机械液压设备的可靠性管理与维修 …………………………… 87

5.1 基于流程再造的液压设备可靠性管理 ………………………………… 87
　　5.1.1 液压设备可靠性管理的流程再造研究 ………………………… 87
　　5.1.2 用定时截尾试验进行可靠性验收 ……………………………… 90
　　5.1.3 可靠性管理与维修团队的确立 ………………………………… 92
5.2 故障与致命度分析、维修性设计与实践 ……………………………… 95
　　5.2.1 液压设备的故障模式分析 ……………………………………… 95

5.2.2　热轧板坯炉机液压设备的致命度分析…………………………………98
　　5.2.3　液压设备的维修性设计……………………………………………………102
　　5.2.4　液压设备故障的能修性划分………………………………………………106
　　5.2.5　基于实训提高维修人员的可靠性…………………………………………109
　　5.2.6　利用预防性大修抑制液压设备失效率……………………………………114
　5.3　本章要点回顾……………………………………………………………………119

**参考文献**……………………………………………………………………………………120

**附录**…………………………………………………………………………………………127
　附录A　重要参考数据……………………………………………………………………127
　附录B　炉机与液压系统的工程施工照片………………………………………………129
　附录C　液压系统关键元件的主参数……………………………………………………131
　附录D　依托本项目的研究作者发表的科技论文………………………………………136
　附录E　依托本项目的研究培养专业技术人才…………………………………………136
　附录F　彩色插图…………………………………………………………………………137

# 第1章 绪　　论

## 1.1 引　　言

国内粗钢产量连年增长，已经从 2002 年的年产 1.824 亿吨，达到 2015 年的钢铁产能近 8 亿吨，在产能第一的位置上保持了 16 年[1]，这与国内冶金机械技术与装备水平的不断进步是密不可分的。现在，我国不但能设计和制造大吨位的冶金设备，设备的技术含量与附加值也与日俱增，步进式炉底机械就是这一技术进步的产物和典型代表[2-7]。正因为如此，本书对冶金行业内广泛采用的两种步进式加热炉的炉底机械液压系统与关键部件进行可靠性研究。它们分别是热轧板坯生产线的大型板坯加热炉和石油套管的淬火、回火等热处理生产线的步进式加热炉。将研究成果应用于工程实践，完成了近 10 套炉底机械设计工程，对理论进一步加以验证，取得了良好的研发设计与工程应用效果。

## 1.2 加热炉及步进式炉底机械概况

### 1.2.1 应用步进式炉底机械的加热炉

钢铁冶金加热炉是热能工程中工业炉项目子类别中的一个重要分支。把钢铁冶金加热炉进一步细分，又可以分出若干个子类别。例如，按炉底机械的形式可以分为五种，它们分别是步进式[8,9]（步进加热炉）、推钢式（推钢加热炉）、环形炉底式（环形加热炉）、炉底辊道式（辊底加热炉）等。把目前现役钢铁冶金加热炉的分类组成用图来进行表示，见图 1-1。

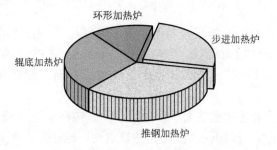

图 1-1　冶金工厂中加热炉应用构成（彩色插图见附录 F）

从炉底传动形式来说，推钢加热炉和辊底加热炉较为低端，而高端加热炉的典型代表包括台车加热炉、环型加热炉和步进加热炉。特别是步进式炉底的加热炉，应用日趋增多，是炉底机械发展的一个主流方向。加热炉典型产品的外观见图 1-2。

图 1-2　推钢式加热炉、步进式加热炉外观(彩色插图见附录 F)

环形炉、台车炉主要应用在重要的异型结构件加热方面，其外观见图 1-3，因其应用面较窄，本书不对其进行深入研究。目前，国内建设最多的冶金加热炉是步进式炉底机械加热炉。这是由该加热炉特点所决定的，相比于其他炉型，该加热炉具有技术含量高、应用范围广的特点。例如，同推钢式加热炉相比较，它改进了推钢炉容易发生拱钢、粘钢，钢坯底部加热不均匀等缺点[10]。

图 1-3　环形加热炉、台车加热炉外观(彩色插图见附录 F)

步进炉于 20 世纪 40 年代开始得到研发和利用。该技术的倡导者是意大利的 DANIELI、德国的 SMS DEMAG 和奥地利的 VOESTALPINE 等著名的钢铁冶金装备制造与技术服务公司[9,11]。在该技术中集成液压驱动与控制系统的时间却并不是很长。

国内第一次采用液压控制的大型步进炉，是在 1944 年由重庆钢铁研究设计院(目前改名为中冶赛迪)为武汉钢铁集团设计并建造的。这在当时填补了国内该技术的空白[12]。目前，拥有自主知识产权，具有完整的研发、设计、安装和调试该种类加热炉的单位在国内主要有 5 家，北京有三家，上海有一家，青岛有一家，它们分别是神雾公司、北岛公司、凤凰炉业公司、嘉德公司和中冶东方工程技术有限公司[13]。

现在，步进炉已经被各种冶金热轧生产线广泛采用。例如，高速线材生产线、螺纹钢筋生产线、薄板坯连铸连轧生产线、中厚板生产线等。在此，把它的特点与传统的推钢式加热炉和辊底式加热炉进行对比。

(1) 步进式加热炉的炉型结构更加便于用抽钢机出钢。它避免了推钢式加热炉用端部出料对加热钢坯的损伤(这些损伤包括出钢滑道和缓冲器对坯料造成的摩擦伤痕)，还可降低因富氧而造成的钢坯氧化损耗和燃料消耗，由此可以达到提高成品率的目的。

(2) 用步进式炉底机械运载与支撑钢坯，可对钢坯双面加热；钢坯与炉底机械的支撑梁是点接触，所以钢坯黑印减少，可得到厚度、宽度及断面尺寸精度高的待轧材料；炉底机械做步进式运动，可有效消除滑轨划伤，提高加热质量[14]。

(3) 相对于推钢式加热炉而言，步进炉内有效避免了粘钢、拱钢事故发生。由此可以借助提高炉子的加热能力来提升炉容量。现在，大型板坯步进炉加热能力已达450 t/h，炉体有效长度超过60m。

(4) 在轧线停产时，可以用炉底机械设备将炉内钢坯全部搬运出炉。这既有利于检修维护，又避免了坯料长时间停放在炉内所造成的过度烧损。

(5) 同推钢式加热炉相比，步进炉没有端部出料区和均热床，对于同样产能的加热炉，它可以建造得更短，还可以避免定期维修、更换该设备而产生的作业量。

(6) 步进炉更加适宜于频繁更换钢坯品种，或者满足冷坯、热坯混合装料的作业要求。

目前，在大型冶金集团的生产车间，都将连铸和轧钢划分为两个部门管理。步进式加热炉位于轧钢生产线的头部和连铸生产线的尾部，起到承上启下的作用，从生产工艺的角度来说它是至关重要的环节。将热轧工艺流程简化为示意图，如图1-4所示。

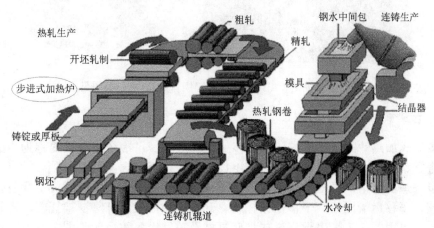

图1-4 热轧钢板的生产工艺流程图(彩色插图见附录F)

在热轧钢板工艺流程中,钢水依次通过钢包回转台、中间包、连铸机结晶器、连铸机弧形冷却段、拉矫机,由引锭杆沿着辊道脱出,再由火焰切割机进行定尺切割。紧接着钢坯经由加热炉前辊道、装钢机装入步进炉内。经过加热炉连续均匀的加热后,再由出钢机从炉的另一端用液压出钢机取出,进一步经过炉后辊道、高压水除磷箱、粗轧机组、精轧机组、层流冷却设备和卷取机,形成成品卷材。图 1-5 是热轧板坯出炉瞬间与板坯(冷态存放)。

图 1-5　热轧板坯出炉瞬间与板坯(彩色插图见附录 F)

还有一种加热炉主要应用在热处理领域,例如,石油管材为了实现高性能,一般都需要淬火和回火处理。因此,在热轧无缝钢管等管材生产线上,一般都布置热处理步进式加热炉,而且不止一台,经常布置两台。它们分别称为淬火加热炉和回火加热炉。整条生产线上的设备组成还包括淬火机组、磁粉与射线探伤设备、矫直机组、水压力试验机组等。它们与加热炉共同作业,实现对热轧钢管的进一步深化加工。该生产线具体工艺流程有专业文献可供参考[15],在此不再赘述。图 1-6 是热处理炉钢管的出炉瞬间和经过淬火与回火热处理工艺的无缝钢管成品。

图 1-6　热处理炉钢管出炉瞬间与无缝钢管成品(彩色插图见附录 F)

### 1.2.2　步进式炉底机械概述

步进式加热炉的炉底机械,称为步进式炉底机械,冶金工程上简称为步进炉机或步进梁、动梁,下述内容对其名称不加区别地采用,含义相同。

步进炉机采用两层框架辅助以斜坡滚轮与托辊等结构,机械组成主要包括底部斜轨座、平移运输框架、平移框架托辊、升降运输框架、升降框架托辊、定心轮组等部件。可用图 1-7 来表示步进式炉底机械及辅助设备的组成。图中,所有设备的数量仅为示意,具体数量可随炉机长度的增加而增多。

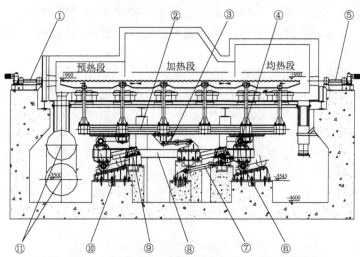

1. 炉前辊道；2. 平移运输框架；3. 平移驱动液压缸；4. 平移框架托辊；
5. 出炉辊道；6. 升降框架托辊；7. 升降驱动液压缸；8. 升降运输框架；
9. 升降定心轮；10. 斜轨座；11. 加热炉的供、排烟管

图 1-7  主剖面表达的步进炉

在钢筋混凝土基础上，安装好步进炉机的斜轨座，沿着升降与平移框架两层框架的中心线对称布置。升降框架依靠升降托辊沿着斜轨座向上爬升，而斜轨座直接与升降托辊接触的轨道接触面，用高合金钢垫板经过淬火和磨削加工而成，降低了表面粗糙度，提高了接触刚度与承载强度。在设备安装时，注意保证该轨道接触面倾斜度、位置度和标高要严格满足图纸设计要求。

安装升降运输框架和在其上的升降框架托辊。该托辊与斜轨座紧密接触。由升降驱动液压缸来推动步进梁，沿着轨道接触面匀速提升与下降，而步进梁运载的加热对象（板坯或热处理钢管）也同步得到相应的升降。

用图 1-8 更进一步说明步进式炉底机械的结构组成和工作原理。升降框架和它所连接的运动托辊（升降托辊），直接和斜轨座配合，它安装在斜轨面上。当升降液压缸驱动步进式炉底机械时，升降托辊沿斜轨座的支撑轨道面上下滚动，从而带动上面的平移框架、支撑动梁和被运载的钢坯或钢管得到相应的提升或下落。

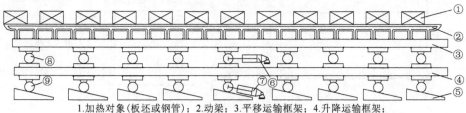

1. 加热对象（板坯或钢管）；2. 动梁；3. 平移运输框架；4. 升降运输框架；
5. 斜轨座；6. 平移驱动液压缸；7. 升降驱动液压缸；8. 平移框架托辊；9. 升降框架托辊

图 1-8  步进炉机组成与工作原理

同升降运输框架一样,平移运输框架正下方也有运动托辊和导轨面。由平移驱动液压缸来推动步进梁做水平方向的前进与后退,步进梁所运载的加热对象也实现同步的进退运动。

两层框架都设有定心轮装置,起到防止步进式炉底机械跑偏的安全作用。例如,从俯视图上看,平移定心装置沿炉底机械运料方向布置在平移框架上下两边,其平行于步进式炉底机械的中心线(Center Line,CL),用于平移运输框架的对中运行,使其运动方向与加热炉中心线保持平行,使平移运输框架在运动时不偏斜。升降定心装置的安装布置和工作原理与此相同。定心轮工作原理见图 1-9,定心轮轴线由其支座支撑并被水泥土建基础固定,定心轮从动运转,贴合与它靠近的升降或平移运输框架侧导轨面。

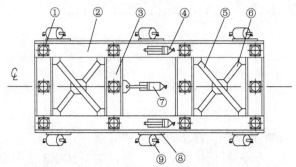

1.动梁安装位;2.纵梁;3.横梁;4.升降驱动液压缸;5.长斜撑;
6.短斜撑;7.平移驱动液压缸;8.侧导轨面;9.定心轮组

图 1-9 定心轮工作原理(俯视图位置)

升降和平移两层运输框架在各自液压缸的驱动下交替运动,步进炉机就完成运载钢坯的矩形运动轨迹,轨迹如图 1-10(a)所示。由于梁与所运载的坯料对于液压系统来说都是大惯量负载,因此需要对液压执行元件的运行速度进行控制,目的是保证上升过程中接钢段低速("轻拿"作用),下降过程中落钢段低速("轻放"作用),还要保证平移过程的平稳和停位精确,速度控制曲线如图 1-10(b)所示。

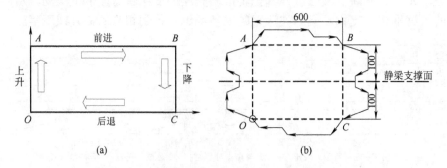

图 1-10 矩形运动轨迹与调速周期曲线

在附录 A 中，列举了依据本书的研究，作者在中冶集团研究设计院所完成的总承包项目，包括 2 台中厚板生产线的步进式炉底机械，还有 10 台钢管热处理线步进式炉底机械。其中，为某钢铁公司 1250 中厚板生产线建设的大型板坯加热炉步进式炉底机械和为某公司建设的钢管热处理回火炉中小型步进式炉底机械是典型代表，本书后面论述的实例也将紧密围绕这两个典型代表展开，现将这两台炉底机械主要技术参数列写为表 1-1。

表 1-1 步进式炉底机械主要技术参数

| 热轧中厚板生产线步进式炉底机械(某公司板坯加热炉) | | | |
|---|---|---|---|
| 参数名 | 参数值 | 参数名 | 参数值 |
| 平移运输框架质量 | 350000kg | 升降运输框架质量 | 500000kg |
| 整机尺寸(长×宽×高) | 35000mm×12000mm×8500mm | 支撑动梁加坯料质量 | 420000kg |
| 托辊轴线总数 | 9 | 主泵总功率 | 5×90kW |
| 运转周期 | 41.5s | 定心轮对数 | 6 |
| 钢管热处理生产线步进式炉底机械(某公司回火炉) | | | |
| 参数名 | 参数值 | 参数名 | 参数值 |
| 升降运输框架质量 | 28000kg | 平移运输框架质量 | 35000kg |
| 整机尺寸(长×宽×高) | 16300mm×13400mm×5400mm | 支撑动梁与坯料质量 | 25000kg |
| 托辊轴线总数 | 3 | 主泵总功率 | 4×55kW |
| 运转周期 | 26s | 定心轮对数 | 4 |

步进式加热炉的炉区设备除了包括本书主要论述的最核心的步进炉机设备，也包括液压抽钢机、液压推钢机以及加热炉装料辊道和出料辊道等多套辅助装备，本书依据作者完成的步进炉机工程设计与实践，只对承担坯料运载作用的核心装备——步进炉机的液压系统及炉机关键部件进行可靠性研究。

为了确保工程质量，步进式炉底机械在制造完毕后、出厂之前需要在制造工厂里面进行预先装配与试验，见图 1-11。图 1-11(a) 是 1250 热连轧钢板生产线加热炉的炉底机械，图 1-11(b) 是一台淬火加热炉的炉底机械。

(a)

(b)

图 1-11 加热炉中应用的步进式炉底机械(彩色插图见附录 F)

## 1.3　可靠性的研究历史、重要意义、发展及现状

### 1.3.1　可靠性的研究历史

由于战场的严酷作业环境和战争的严格要求,从第二次世界大战之初就开始了对可靠性问题的研究[16]。20 世纪 30 年代以后,随着科技进步,自动控制装置、电气系统、液压系统、机械装置日趋复杂,系统中所融入的元件与零部件日趋增多,工程技术人员感觉到,要想保障这些设备正常工作也日趋困难。由此就促使学者和专家去研究怎样才能保持设备功能,不使其发生失效,可靠性研究体系也因此而逐渐形成和发展。

研究初期,对"可靠性"这一概念的理解是定性的,还没有提出度量可靠性的具体指标和数量值。第二次世界大战后期,德国火箭设计师卢瑟首先提出了将系统看成由所有零部件、子系统串联而成,用概率论中乘法原理来计算系统可靠度的方法。他用这种方法计算出 V-II 火箭点火装置的可靠度为 75%。这是第一个对产品可靠度的数值度量,后人称为卢瑟定律[17]。从 20 世纪 50 年代初期,开始在可靠性测定中越来越多地引入统计方法和概率概念,可靠性正式作为一门新兴学科受到重视和研究。

美军是最早一批对可靠性展开系统研究的部门,他们最先认识到,军需装备失效代价太高昂。例如,据统计在第二次世界大战期间美空军由于故障而损失的战机高达 21000 架,这一数量是敌军击落战机数量的近 2 倍,同时统计数据还进一步显示,美军运往远东地区的飞机中大量的电子电气设备失效,其中在存储期间有一半失效,经过运输后近六成不能使用,而在使用过程中,达不到要求的失效概率更是居高不下,且难以维护。

另据统计,1949 年,美海军武器系统中电子装置 70%不能完全正常地工作;1950~1952 年,美军通信设备中有 14%不能完全正常工作,水下声呐设备 48%不能正常工作,雷达设备 84%不能正常工作。

如何才能保证这些形成军队核心战斗力的装备达到作战要求的指标,不发生失效,这个可靠性研究课题受到美军高度重视,为此美军成立了海陆空"国防部电子设备可靠性专门工作组"[18],后来又更名为"国防部电子设备可靠性顾问团"。其主要工作就是对电气电子产品,从设计、生产、制造、试验,一直到运输、储存和使用的各个环节的可靠性问题,进行全面的调查和研究。他们于 1957 年发表了著名的题为"军用电子设备可靠性"的重要研究报告,这份报告后来被世界上公认为可靠性问题研究的奠基性研究成果。在此之后,英国、法国、日本以及苏联,也相继开展了可靠性研究工作。

1965年，国际电工委员会(IEC)设立了可靠性技术委员会 TC-56，在日本东京召开了第一次会议，协调世界各国对可靠性的术语和定义、可靠性的标测方法、数值表示方法和标准与规范的书写方法等。由此，可靠性理论研究和工程应用进入了一个全新的时期[19]。

虽然，在第二次世界大战的初期，日本已经开启了对可靠性问题的研究计划。但真正对可靠性展开深入系统的研究，却是在第二次世界大战后，当时迫切地需要进行产业复兴。日本一部分具有远见卓识的人，清晰地认识到和平时期产品可靠性问题的重要性[20-23]。于是1956年，日本从美国引进了工业管理技术及可靠性技术；于1960年，日本成立了专门的质量管理委员会，同年日本科技联合会召开了第一次全国可靠性讨论会；20世纪60年代中期，日本成立了第一个专业可靠性促进机构——电子元件可靠性中心。日本将美国在军事工业与航空、航天中所取得的可靠性研究技术成果成功地移植到民用工业，尤其是和它自身发展出的全面质量管理(TQC)相结合，使得可靠性技术具有了实用化的特点，使产品质量显著提高。随之而来的是日本工业产品在世界各国广为销售，赢得了良好的品质信誉。在其后的不到10年，日本的工业年均增长速度就达到15%。日本专家认为"优质产品的高可靠性，是经过长期连续不断积累可靠性技术以及采用严格的生产管理制度，将它们两者相结合的结晶。强调必须从产品全寿命周期的过程进行规划、统筹和管理，例如，最典型的环节包括研发、设计、制造、使用、维修，一直到报废"。

我国的可靠性研究工作起步于20世纪60年代。在当时主要集中在电子、通信、航空、航天、核能等一些高技术领域，可靠性技术得到了应用。后来，由于政治运动等原因中断了近10年。一直到20世纪七八十年代随着国家建设的迫切需要才重新得到了很大的发展。目前，各行各业都有众多的专家、学者和研究人员在从事可靠性方面的研究工作。

特别是最近30年来，为了完成辅助的航空、航天工程和深海勘探作业，发展提高了可靠性的研究水平，扩展了可靠性的研究范围。现在，对可靠性的研究已经由最初的电子、航空、宇航、核能等尖端工业扩展到土木建筑、机械装备、电机与电力系统、石油平台、冶金、化工、铁道、船舶、通信、医药等各个领域，从最复杂的宇宙飞船到细小的可置入人体的心脏起搏器等，都应用了可靠性技术，并且对产品都提出了具体明确的可靠性指标。可靠性技术已贯穿于从产品的研制开发到维修保养的各个环节，越来越多的行业认识到可靠性问题的重要性，积极开展了可靠性技术的研究与应用工作，这些工作反过来又促进了可靠性研究向更深入、更广阔的领域发展，形成了相辅相成的良好局面。

### 1.3.2 可靠性研究的重要意义

展望可靠性技术的工程实践应用与研究的未来，可以预计该技术将得到更大的重视程度和发展空间，发展潜力不可估量。原因如下：

### 1. 保证和提高产品可靠性性能水平的需要

产品功能增加，产品的零件数目也有增加的趋势，这就使得产品复杂程度不断增加。这一趋势会使产品的可靠性水平降低。例如，由 $2\times10^6$ 个零件组成的航天飞机[24]，如果理论计算时假设其每一零件的故障率即使只有 $10^{-6}$（可靠度高达99.9999%），则整机正常运行的概率也仅有 0.15。这意味着每发射 100 次，平均只有 15 次发射成功。

生产自动化水平的提高，使得工艺过程所用的设备越来越重要，对设备的可靠性要求也越来越高。例如，一条生产线，若其中一台设备发生故障，则会造成整个生产线停产，因此，对组成生产线的每一台设备都应保证一定的可靠性水平。又如，轧钢机的生产速度由 0.3m/s 提高到 25m/s。这么高的轧制速度，一旦设备出现故障，将会造成巨大的经济损失[25]。

产品的工作环境日益严酷，要求提高产品的可靠性。由于产品功能的不断提高，其承受的应力水平、温度、振动、腐蚀条件日益严酷。例如，为了提高涡轮喷气发动机的推重比，通常用增加涡轮进口处气体温度来增大推力，用增加应力水平、降低强度储备的方法来降低重量，这些因素都使发动机的工作环境变得恶劣。

### 2. 提高产品的可靠性，目的是提高产品经济效益

往往在产品的设计、制造和试验中增加费用，但却可以在使用和维修中减少费用，产品的可靠性与费用关系如图 1-12 所示[26-28]。需要选择合理的可靠性指标，来保证产品的总成本最低。

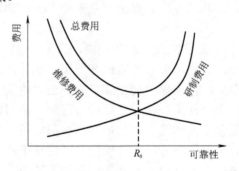

图 1-12 可靠性与费用关系

例如，日本某公司为提高其产品的可靠性，对产品作了一次彻底的设计审查和修改。后来，经测算在规定的可靠性指标下，为设计和修改投入的 1 美元，收益与回报高达 23 美元，非常显著。与此同时，如果不适当地、过分地提高可靠性指标，将会使产品总成本大幅增加，这当然也是不允许的。

### 3. 适应市场竞争力的需要

只有产品的可靠性水平提高，才能提高产品的信誉，增强日益激烈的市场竞争能力。

例如，日本的汽车曾一度因为可靠性差，在美国大量退货，几乎失去了美国市场。他们总结了经验，提高了汽车的可靠性水平，使汽车首发故障在1万公里以上，日本汽车产品在世界汽车市场上形成强劲的竞争力[29]。

### 1.3.3 液压系统可靠性研究的发展及现状

液压系统是机械设备中失效与故障多发的系统组成部分。国外针对液压系统的可靠性研究工作始于20世纪70年代末。早在1981年，苏联学者T.A.瑟里岑在对传动装置的可靠性预测、计算、储备以及故障诊断方法进行深入研究的基础上，出版了《液压和气动传动装置的可靠性》[30]。之后，苏联学者T.M.巴史塔等对飞行器液压系统可靠性进行研究[31]，论述了液压系统可靠性的主要判据和特性，列举了液压系统功能可靠性的评价方法，并阐明了液压系统的鉴定问题。

国内在20世纪80年代也开展了液压系统的可靠性研究。理论研究的早期，哈尔滨工业大学对液压元件的寿命及可靠性试验方法进行了研究。例如，许耀铭教授在1991年出版了《液压可靠性工程基础》[32]；许耀铭教授和孙毅刚博士还针对轴向柱塞泵进行可靠性设计与试验研究。

20世纪90年代在逐步加大对可靠性数据收集力度的基础上，发布了GJB1686等。机电产品的可靠性也重视起来，在原机械研究院内成立了可靠性中心。民用机械、液压产品的可靠性研究工作也获得了前所未有的发展，在理论研究与实践探索上许多学者做了大量工作，形成了几个研究区域和多支学术团队。

北京航空航天大学针对航空航天行业的特点，对液压元件和系统的可靠性设计与综合、可靠性分析以及可靠性试验等进行了大量的研究。例如，李沛琼教授等对液压泵的可靠性设计与试验进行了研究，王少萍教授研究了变应力谱下机电产品综合应力寿命试验等[33]。针对液压系统进行的多传感器信息融合故障诊断研究，他们还做了大量的工作。王占林教授、付永领教授、李军博士设计了一种用于功率电传的一体化电动静液压作动器（EHA）并进行仿真研究，结果表明所设计的EHA具有良好的动态性能和带负载能力[34]；王占林教授和李运华教授针对飞机高压、大功率所带来的节流损失急剧增加的问题，提出一种根据飞机工作任务设定工作模式和输入给定量的智能泵源系统[35]。

浙江大学杨华勇院士、欧阳小平博士等对新型能量转换元件——液压变压器进行了系统的理论与试验研究[36]。液压变压器能无节流损失地按负载需要调节流量和压力。将液压变压器应用到液压系统中，不仅带来了系统装机功率的显著降低，也为降低系统能量消耗、液压系统结构的可靠性简化设计开辟了新途径。

中国人民解放军后勤工程学院李著信教授、吕宏庆博士针对水下储供油系统的六自由度电液伺服平台进行了理论与实践研究，设计出能自适应调整船体姿态的平台式电液伺服系统，并针对海洋环境下液压元件和系统防腐与密封问题进行了具有实践意义的开拓性研究工作，还对特殊环境中的安全阀进行了可靠性建模设计研究[37]。广东工业大学吴百海教授等提出了一种深海采矿装置的主动型升沉电液伺服补偿系统，根据相似原理建立了主动型升沉补偿系统的模拟试验系统，并研究了其控制策略[38]。

燕山大学的学者在民用液压系统可靠性设计研究方面进行了大量而有益的研究，例如，赵静一教授团队对民用液压系统进行了可靠性设计研究，尤其是结合大型液压机，如10MN水压机等液压机的电液系统更新改造工程实践进行了可靠性设计、可靠性分配、可靠性预测、可靠性分析等研究工作[39-42]；赵静一教授和姚成玉博士，对液压系统的模糊可靠性理论进行了细致的分析，并结合多种类型压机的实例进行了模糊可靠性设计、预测与分析[43-45]。赵静一教授和王智勇博士，运用优化设计的方法对900t运梁车的电液系统可靠性的性能指标进行了提高[46,47]。赵静一教授和李侃博士，对中小型液控平板车的轻、重系列进行了基于重心安全性的可靠性区域研究[48,49]。除此以外，赵静一教授等还对包括轧钢机械、轮轴压装机等在内的一系列大型液压系统与装置进行了深入分析与可靠性研究[50-63]。

液压系统可靠性研究中规范化的可靠性数据少以及系统本身复杂等因素，都给液压系统的可靠性研究带来不少困难。目前液压系统正向高压化、高速化、集成化、机电液一体化和大流量、大功率、高效率、长寿命方向发展，随着微电子技术的迅猛发展，电液伺服和数字式液压系统的应用越来越广泛，系统越加复杂，对系统的可靠性和无故障率要求也将更高。

## 1.3.4 机械部件可靠性研究的发展及现状

机械部件与结构可靠性研究是20世纪60年代开始起步的，刚开始，研究工作生搬硬套电子类产品可靠性研究方法，即从基本原理上错误地将结构简化为简单的串、并联系统，略去静不定内力重分配及相关性来计算可靠度，而实际上电子类产品可靠性与机械可靠性两者有着根本的区别。

20世纪六七十年代，美国首先将可靠性技术引入汽车、发电设备、拖拉机、发动机等机械产品。1969年C.A.Comell提出了与结构失效概率相关联的可靠性指标，作为衡量结构安全性的一种统一数量指标，并建立了结构安全度的二阶矩模型，开创了机械可靠性现代概率设计理论[64]；20世纪70年代末80年代初，A.H-S.Ang用故障树给出了机械破坏模式的网络结构；F.Moses提出了用增量载荷法确定主要失效模式；丹麦的 O.Ditlevesen 教授提出用二阶窄边矩理论来确定机械结构体系的失效概率；国内冯元生教授在高精度可靠度计算方面作出了巨大贡献，而敖长林教授对拖拉机实际工况下的可靠性做了大量的研究工作[65]，可以说国内目前机械结构可靠性理论已经初步形成并逐步应用到工程实际中。

20 世纪 80 年代，美国罗姆航空研究中心专门进行了一次非电子设备可靠性应用情况的调查分析，通过调查，试图制定非电子产品的可靠性大纲；美国国防部可靠性分析中心(RAC)收集和出版了大量的非电子零部件的可靠性数据手册，该数据手册至今已先后四次改版；美国政府资助的机械故障预防研究小组设有四个技术咨询委员会，他们负责诊断与检测、故障、设计和技术推广，其中包括美国亚利桑那大学 D. Kecioglu 教授等专家。委员会列出的研究对象有汽轮机、燃汽轮机、压缩机、内燃机、热交换器等整机设备，以及泵、轴、阀门、齿轮、转子、活塞等零部件；D. Kecioglu 教授广泛开展了机械可靠性设计理论的研究，积极推行概率设计法，他提出了进行机械概率设计的 15 个步骤。

美国、英国、加拿大、澳大利亚和新西兰五国组成的技术合作计划委员会(TCP)联合起来发展一种新的机械设备可靠性预计方法，其目标是要根据机械设备单功能和多功能的设计特征、特定的使用环境以及对载荷等因素敏感性的特点，编制出一本常用机械设备可靠性预计手册，手册中涉及四组 18 种设备和零部件。

日本以民用产品为主，大力推进机械可靠性的应用研究。在全国可靠性技术主要机构——日本科技联盟中，就有一个机械工业可靠性分会，由企业的可靠性推进人员和院校教授组成，每月举行例会，研究可靠性在机械工业的引入、推进和开发，其最显著的成绩是将故障模式与影响分析(FMEA)等技术成功地引入机械工业中。目前 FMEA 方法已普遍应用到机械产品的设计和制造工艺中。日本企业界普遍认为：机械产品是通过长期使用经验的积累、发现故障、不断改进设计获得可靠性的。机械设计采用的是经验为主的设计规范，可靠性是通过这种设计规范的实现而得到保证的。这些规范包括材料的选定、结构形式、许用应力和安全系数的确定等。对于设计与原有产品相似的产品时，这种规范是很有效的。现在，日本一方面采用成功的经验设计，另一方面采用可靠性概率设计方法以及与实物试验进行比较，总结经验，收集和积累机械可靠性数据。例如，日本的金属材料研究所和日本科学技术中心共同开发金属材料强度数据库，正在积累和统计具有偏差分布的材料数据，为开展机械可靠性概率设计创造条件。同时日本还十分重视机械产品的可靠性试验、故障诊断、寿命预测和故障原因分析技术的研究与应用。

苏联在其 20 年科技规划中，将提高机械产品可靠性和寿命作为重点任务之一[66-69]。其可靠性技术应用主要是靠国家标准推进的，发布了一系列可靠性国家标准，这些标准主要以机械产品为对象，适于机械、仪器、仪表制造行业的产品。在各类机械设备的产品标准中，如发动机、起重机、挖掘机、汽车、润滑系统等，还规定可靠性指标和相应的试验方案。同时，苏联还充分利用丰富的实际经验，研究并提出典型机械零件可靠性设计的经验公式，专门出版了《机械可靠性设计手册》。此外，苏联还十分重视工艺可靠性和制造过程的严格控制管理，认为这是保证机械产品可靠性的重要手段。

国内自 20 世纪 80 年代以来机械可靠性研究开始受到重视。从 1986 年起，原机械工业部已经发布了六批限期考核机电产品可靠性指标的清单，前后共有 879 种产品已经进行了可靠性指标考核。1990 年 12 月和 1995 年 10 月，原机械工业部举行了两次新闻发布会，先后介绍了 236 和 159 种带有可靠性指标的机电产品，向全国推荐使用。1992 年 3 月，原国防科学技术工业委员会委托军用标准化中心在北京召开了"非电产品可靠性工作交流研讨会"，会议中心议题是"交流成果、总结经验、探讨提高非电产品可靠性的方向和途径"。

尽管国内外都在倾注力量研究机械产品可靠性设计问题，并取得了一定的进展，但在开展定量可靠性设计方面，终因可利用数据有限，或要获得可利用数据很困难，以及机械产品的复杂性和应用环境的随机性、失效模式的多样性等原因，至今尚未见到有像美国(MIL-HDBK-338)《电子产品可靠性设计手册》那样的机械可靠性设计手册问世。

## 1.4 研究来源与主要研究内容

**1. 研究来源**

本书的研究对象来源于作者在中冶集团研究设计院从事的工程项目研发设计工作，研究热轧中厚板生产和钢管热处理生产线步进式炉底机械的液压系统及关键机械部件与结构的可靠性。

**2. 主要研究内容**

本书后续章节所论述的研究内容，按如下展开。

首先，通过深入调研并归纳总结以往工程实践中相同或类似液压系统的故障信息与专家经验，在新研发的液压系统中有效避免以往的可靠性设计失误，由此展开液压系统可靠性设计工作。在步进式炉底机械液压系统的可靠性设计实践中综合运用降额可靠性设计、并联冗余可靠性设计、储备冗余可靠性设计和简化可靠性设计等设计原理，目的在于降低研发风险，消除系统故障隐患，提高工程中设计与施工质量，最大限度保证总承包工程的成功率。

其次，通过对液压系统泵组与阀组部分可靠度的分别研究，建立液压系统的可靠度计算模型，根据该模型进行液压系统可靠度的计算与预测，比较两种主液压油泵的可靠性，对两者在工程实践中存在的可靠度差异进行统计分析。对炉底机械的承载托辊进行维修策略的改进与重新设计，并进行拆卸对比试验来证实改进对维修时间的影响，建立承载托辊系统的可靠度计算模型，给出其可靠度预测值，据此确立更合理的托辊部件备件数量，目的在于节省购置费用与库存成本。

再次，通过对炉底机械重要受力部件液压缸支座的可靠性试验研究，验证结构优化的可行性，该试验及数据为进行炉底机械其他机械部件与受力结构的可靠性优化设计提供依据，可达到降低整机造价和维修难度、提高机械效率的目的。

最后，通过对液压设备的可靠性管理流程的再造，提出并完善一种适用于总承包工程的液压系统可靠性管理方法，并将其应用于工程实践。对液压设备可靠性管理与维修团队的构成进行分析，列举各项基本的维修性设计原则，展开对液压设备的维修性设计，提出一种基于"培训-实践-考核"相互渗透与结合提高维修人员可靠性的方法，对液压设备故障进行能修性划分，根据工程事例提出利用预防性大修抑制液压设备失效率的具体实施措施。

# 第 2 章　液压系统的可靠性设计与工程实践

## 2.1　对液压系统以往故障经验的归纳

步进式炉底机械的液压系统是冶金液压系统中较为复杂的系统，研发阶段该系统的可靠性常不能一蹴而就，往往由工程实践发现并归纳故障经验，进而通过设计来改进可靠性，再实践并归纳，再设计并改进，如图 2-1 所示，这是一个可靠性不断提升的循环过程。

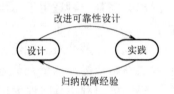

图 2-1　改进可靠性的设计过程

作者认为只有很好地归纳并吸取专家在以往工程实践中发现与总结的故障经验，才能以尽量少的代价实现尽量高的液压系统可靠性。基于这样的思路，在进行液控步进式炉底机械液压系统研发与可靠性设计的初期，作者进行了为期 8 个月的液压系统故障经验收集整理工作。其间，一方面通过图书、期刊、专业论文和技术报告等信息源，汇集专家学者论述的大量液压系统故障信息和相关理论经验；另一方面通过服务于应用步进式加热炉的工厂和炼铁、炼钢、轧钢等车间，实地考察、观测设备的运行情况，还走访了大量在生产一线的技术专家、工程师、维护技师，同他们讨论液压系统在使用中存在的故障问题。被征询的专家多数具有几十年从事现场的液压系统维护与改造的实践经验，他们对液压系统故障经验的传授亦使作者深受启发。

液压系统(尤其是冶金生产车间)往往划分成能源部分、控制部分和执行部分，能源部分是作为系统动力源的液压泵站(或称为液压泵组)，控制部分是起控制作用的液压元件所组成的液压阀台(或称为液压阀组)，执行部分是液压马达和液压缸，执行元件一般随设备主机配套并安装连接到其工作机构上。

由于液压系统具有安装灵活的特点，可将能源部分、控制部分相对于执行部分脱离开，在较远距离单独布置。能源部分与控制部分之间、控制部分与执行部分之间用两组车间液压配管相连，步进式炉底机械的液压系统就采用这样的结构。

为了论述中表达得更加简明与直观，下面将对炉底机械液压系统正常运行影响大或经常出现又常被系统设计忽视的系统故障，结合实例进行整理，以大写英文字母为顺序，共分为 16 条 [(A)～(P)]，连同含有故障信息的原理图来进行说明。

### 2.1.1　系统能源部分的归纳

结合具体实例，将液压系统能源部分的故障经验归纳如下。

(A)某钢管加工线敦粗机组的液压系统能源部分调试时，出现了两起事故，故障的原因是系统调试时操作者起动主液压泵电机过程中没有及时打开主液压泵吸油口的蝶阀，见图2-2中元件10。系统共有五台主液压泵，事故造成两台主泵当场烧毁，另有三台主泵温升严重，使用一段时间后，又出现了油封渗漏的故障。由此带来的损失是使得液压系统交付使用的时间延缓20多天，设备直接投资损失已达十几万元。

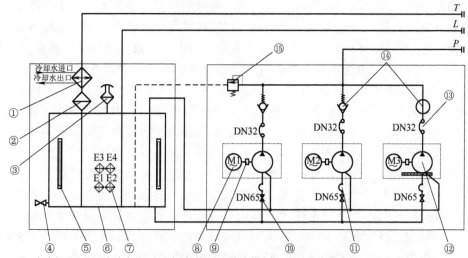

1.水冷却器；2.回油过滤器；3.空气滤清器；4.放油截止阀；5.液位和温度指示器；6.液压油箱；7.电加热器；8.电动机；9.钟罩联轴器；10.吸油蝶阀；11.吸油减震喉；12.液压泵；13.高压胶管；14.泵出口单向阀；15.安全阀

图2-2 含故障液压原理图一（能源部分）

(B)某棒线材轧线收集区液压系统的能源部分，配有机旁电气控制柜，在安装施工进程中，施工人员私自通过该控制柜，连接三相动力电源获取电能，造成该电气控制柜损毁，由此带来近万元的经济损失，并影响了该系统投入使用的计划时间。

(C)某钢厂轧钢车间的步进式炉底机械的液压系统，在使用了2年半左右的时候，性能下降，运行一个步距的周期从投产时设定的47s，衰减到54s，严重影响生产效率。经检查后发现，原因是系统主液压泵老化损耗引起容积效率下降，经测定最多一台泵容积效率下降了27%。根据参考文献[70]的规定，液压泵因使用中的老化，容积效率下降15%以内时，液压泵不应算失效。根据工程实践经验，容积效率下降超过20%，将会加速失效。

(D)某炼铁车间高炉设备中炉前液压系统，液压泵压力油口处单向阀弹簧断折，并阻挡该阀的关闭，故障原因可能是弹簧材质较差也可能是弹簧热处理工艺不过关，系统故障也和所选用单向阀开启压力过低、弹簧强度太低有关。如图2-2元件14所示，相当于泵出口未配置单向阀。在操作高炉出铁场上的泥炮机和开铁口机设备时，负载冲击直接传导至液压泵,致使主泵损坏,回路中同一处接连损坏了更换不久的两台新液压泵,才引起用户单位注意,并查明了故障原因,更换该单向阀后问题得到了解决。

(E)某中小型材轧钢车间的轧钢机液压系统设计年代较早,采用定量液压泵,由溢流阀将调速中多余的流量溢流回油箱,如图 2-2 中元件 12 和 15 所示,液压泵站处在地下狭小的空间内,系统发热严重。后来经技术改造接入了一个水冷却器解决油温升高的问题,见图 2-2 中元件 1,但改造过程中未能深入研究连接方案,为图方便省事,利用最好拆卸的一个管路接头节点将水冷却器接在回油过滤器的前面。使用一段时间后,回油过滤器产生的背压作用使得水冷却器的管路破裂而发生泄漏。

(F)某炼铁车间的炉顶液压站,安装在炉顶钢结构小平台上,电机液压泵组的底座设计时没有考虑减震措施,如图 2-2 中元件 12 所示,加上电机与液压泵之间联轴器安装时同轴度稍有超差,引起与平台之间共振,初始故障征兆是噪声明显,及时发现问题进行了关停,采取可靠性设计措施后,问题得以解决。

(G)某特种钢厂,地处国内北方,其轧机辅助液压系统中,为了使系统在低温起动时,油液黏度适中,采用在系统中接入电加热器的做法,如图 2-2 中元件 7 所示。但设计时加热器功率选型偏大,再加上没有电接点温度计等反馈措施和自动停止加热等电控设置与程序安排,靠人工手动操控加热和停热。某次,操作工忘记对电加热器关停。液压系统起动工作后,又释放出大量的热能,造成油液温度过高,劣化严重。

(H)某泵源的回油过滤器,选型时没有考虑可靠性措施,选了一个不带过压开启旁通阀的单筒过滤器,且过滤器的通油流量选择过小,纸质滤芯抗压能力也较弱,更没有设置堵塞报警和目测污染指示灯等警示与预防措施。产生的故障是回油污染堵塞过滤器,并很快将过滤器的滤芯击穿,直到油液污染严重,发生液压阀卡阻现象时,才发现故障的原因。

(I)某炉底机械液压系统泵源设计中未考虑设计备用泵组,如图 2-2 所示,所有的液压泵都为工作泵,炉底机械的液压站按常规设置在地下泵室中,在工厂规划设计中没有考虑为液压泵组的检修与更换提供顶板预留的吊装孔。后因某泵组故障,检修工将泵组中电机、液压泵和钟罩联轴器完全解体后从较狭窄的地下通道搬运到机修车间,检修完毕后又搬回地下液压站现场组装,造成维修时间的极大浪费和维修成本攀升,这次故障造成的停产损失巨大。

### 2.1.2 控制与执行部分的归纳

结合实例,将液压系统控制部分、执行部分与相关管路连接故障经验归纳如下。

(J)某步进式炉底机械采用板式比例方向阀,来控制升降和平移动作,见图 2-3 中元件 4 和 7,其通径分别高达 52mm 和 32mm。该比例方向阀的主阀采用液动四通换向阀,先导级采用两个比例减压阀,阀的具体结构组成详见参考文献[71]和[72]。由于设计失误,先导阀的控制油直接取自主压力油口,污染度较大的油液造成先导阀频繁发生堵塞和卡阻阀芯的故障。

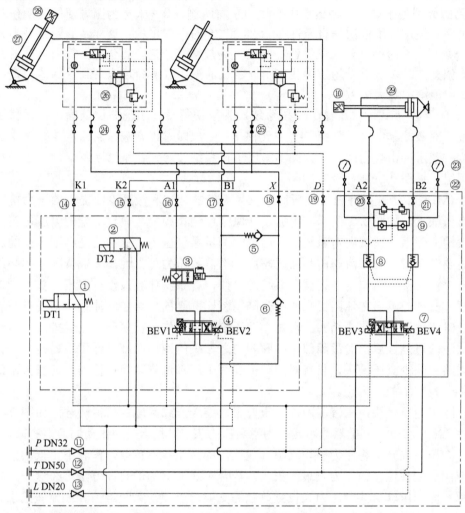

1,2. 电磁换向阀;3. 平衡阀;4. 升降控制比例阀;5,6,8. 单向阀;7. 平移控制比例阀;
9. 缓冲阀组;10,28. 位移传感器;11~21,24,25. 液压球阀;22. 压力表开关;23. 压力表;
26. 液压缸安全阀组;27. 升降液压缸;29. 平移液压缸

图 2-3 含故障液压原理图二(控制与执行部分)

(K)某步进式炉底机械液压系统,为应对紧急停机事件的发生,设计了令炉底机械快速手动退回的液压回路,见图2-3中元件24、25、18和6,元件6的主要目的是平衡一部分炉底机械的自重和负载,让步进式炉底机械下降速度不会出现失控现象,为了实现这样的设计目标,经过计算,需要为元件6匹配一个开启压力较高的弹簧。元件 5 为升降液压缸的有杆腔补充液压油，若没有这一元件，则液压缸有杆腔将会出现吸空，因此元件 5 只需匹配一个开启压力较低的弹簧。元件 24、25 和 18 为常闭高压球阀，只有当需要紧急退回时对它们进行开启操作。但元件 24 和 25 两阀分别处于炉底机械运动中心线的左右两侧，操作人员为图方便按其操作时途径顺序，经常采用依次开启元件 24、18 和 25 的操作步骤，这样做的结果是当元件 18 开启后，左边的升降液压缸已经泄油并施放负载压力，而全部负载由右边的液压缸单独支撑，多次承受超压偏载作用，右边的液压缸寿命远未达到目标值，提前出现油封泄漏故障而失效。

(L)某步进式炉底机械的液压系统，为了使得平移工况停位准确，在平移回路设置了双液控单向阀，见图 2-3 中元件 8，组成即时锁紧液压回路，伴随而来的是停位时液压冲击较为严重，为此不得已进行系统改造，在平移回路中加装了缓冲制动阀组，见图 2-3 中元件 9。

(M)某步进式炉底机械液压回路在为系统的调试和故障诊断提供的压力检测方面有所缺乏，如图 2-3 所示。根据设计原则和调试经验，设置适量的测压接头，会极大地方便系统调试和对系统进行维护时测量系统压力，这往往是必不可少的。对于需要精确调节的溢流阀前和减压阀后，都需要压力可见性，多数情况下都必须设置一个测压接头。作者在调试该系统的时候，曾亲身体验过没有测压接头所带来的不便：具体问题出在油路集成块中升降控制比例阀的先导控制油孔由于没有在制造厂及时清理干净而造成堵塞，调试中液压缸无法动作，反复确认已经排除了电气系统故障的可能性后，对故障部位的阀和与之相关的液压阀都进行了现场拆卸，因升降回路中缺少测压接头，只有对回路中的每个阀都进行替换性检测，耗费大量的时间终于找到了故障原因。

除了测压接头，在液压附件中压力表的连接方式问题也值得注意。如图 2-3 中元件 22 和 23 所示，虽然选用元件为耐震压力表，但其承受的振动幅值是有限度的，用一个压力表开关将压力表与阀组刚性连接的做法并不可取，作者不止一次看到与泵或阀台刚性连接的压力表最终失效。符合可靠性原则的设计方法是在这一连接中设置一段测压软管并为压力表设置单独的支架，以便于系统维护者读数和记录。

(N)某步进式炉底机械的液压系统，为锁定平移过程中升降液压缸的动作，在两个升降液压缸的无杆腔油口分别设置安全阀组，见图 2-3 中元件 26，主要包括一个溢流阀组件和一个液控二通插装阀组件，靠步进式炉底机械自重产生油压进入插装阀控制腔，只有当步进式炉底机械自重建立的压力达到主锥阀关闭压力时才能可靠关闭插装阀。当步进式炉底机械做升降动作时，须先操作电磁换向阀(元件 1 和 2)，对插装阀控制腔进行泄油，释放控制压力。电磁换向阀 1 和阀 2 的得失电瞬时稍有偏差，压力油供给两个升降液压缸会出现不同步，产生压力冲击。

(O)某炼铁车间高炉上料矿槽液压系统中三位四通液压换向阀选用了中位 Y 型

机能的液压阀,且系统中没有搭配叠加双管路液控单向阀形成液压锁,液压缸停位时其两腔都通回油,造成矿石称量漏斗落料闸门无法关闭。这是对设备负载分析错误造成的功能故障,重新订购一批中位 O 型机能的液压阀才将问题解决。

同样,对于步进式炉底机械的液压系统,以力士乐公司比例换向阀 4WRZ 系列为例,也有将图 2-3 中元件 7 错选为 E1 阀芯的。同样是 Y 型机能,而对于四通滑阀控制炉底机械液压系统的非对称液压缸,应选用 W1 型阀芯结构。

(P)液压系统的车间配管是系统的重要组成部分。某步进式炉底机械的液压系统,为了节省专用液压管沟的施工量和施工周期,使车间管路配置在出炉辊道设备红热的钢坯下通过,造成钢坯热辐射进入系统,经常发生油温超标现象。

某轧钢车间的轧机液压配管用卡套接头,与之匹配的液压钢管没有选择公差达标的精密冷拔无缝钢管,造成卡套接头连接失效,还有虽然选用了精密冷拔无缝钢管,但选用普通碳钢材质未经脱脂、酸洗、中和与涂油处理的钢管,在后续酸洗工序上造成卡套接头失效,还有虽然选用了经专业厂家处理后的液压钢管,但在运输或管道安装施工时,没有及时封堵钢管两端,使污染侵入管内。

经常发生的问题还包括配管设计中没有充分理解系统原理,将耐压等级较低的回油钢管、液压球阀和管接头设计到压力油管路中,在管路试压或系统调试中爆裂造成配管报废,或者反过来将回油与泄油管道的压力等级匹配成压力油管的耐压等级,造成材料与施工双重浪费。

液压胶管连接设计与施工出现的可靠性问题也较多,例如,工作介质与胶管材质不相容,造成介质氧化或胶管老化,引发提前报废。胶管的压力等级和通径选择不当问题也较为严重,还有随液压缸摆动的胶管最小弯曲半径是否满足液压系统管路安装要求和施工验收规范,胶管与液压缸连接部分是否考虑用铰接式液压缸专用管接头,用以防止摆动中接头螺纹松脱故障的发生等。

## 2.2 基于故障改进的可靠性设计

通过对液压系统故障经验的归纳,下面结合作者为某钢铁集团公司研发的 1250 步进加热炉的炉底机械液压系统的可靠性设计,配以工程中实施的系统原理图,给出上述(A)～(P)各类故障问题的具体解决措施与设计方法。

### 2.2.1 系统能源部分的可靠性设计

(A)该故障是系统调试者或操作者的粗心大意所造成的,而这样的情况在嘈杂混乱的调试现场发生的概率相对较高。针对这个问题,可在液压泵吸油口的蝶阀上设置电气开关,将这个开关信号送入电气控制系统的可编程逻辑控制器(PLC)内(如西门子 Simtic S7-400 系列可编程序控制器),同时在控制液压泵组起动程序中写入检测电气开关信号的程序代码,当检测结果为吸油口蝶阀关闭状态时锁定液压泵电机,使得液压泵无法起动。能源部分的检测信号及与信号连锁进行顺序控制的动作汇总为表 2-1。目前,此类蝶阀已经有相关产品,也可在订货时让厂家配装,在阀上既有可以加装机械触点式行程开关,又有更为先进的光电接近开关。具体实施系统设计中,详见图 2-4 中元件 1.1~1.5。

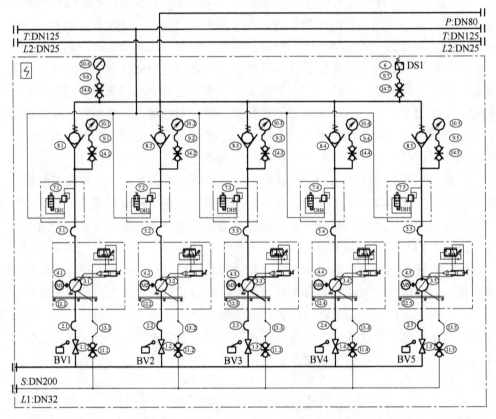

1.主泵入口蝶阀带电气开关;2.主泵吸油减震喉;3.恒压变量柱塞泵;4.主泵电机;5.高压胶管;6.压力继电器;7.电磁溢流阀;8.单向阀;9.测压软管;10.轴向压力表;11.快速接头;12.减振垫;13.液压胶管;14.测压接头
(说明:图注中的数字编号代表了图中以该数字为单元的所有元件。比如图注中的"1.主泵入口蝶阀带电气开关"代表了图中的元件 1.1~1.9,其余同理)

图 2-4 液压原理图一(能源部分)

(B)该故障与液压系统安装人员的施工行为规范程度有较大关系。安装过程中,应明确禁止私自拉接动力电源,并提供与施工用电设备的容量、接口都匹配合格、合乎安全用电规范的临时配电箱等施工设施。在系统调试初期接通电源之前,应对液压系统配套的电控装置内,所有电机与各种电磁阀、传感器的接线情况进行校对和失电检测。

(C) 步进式炉底机械液压泵随使用年限增加所产生的正常磨损消耗,并引起容积效率下降属于自然耗损的正常现象,而系统工作效率对用户而言是至关重要的考核指标。液压系统设计中以单步距的运行周期为设计依据,并将计算所得总需求流量扩大 15%,以此作为液压泵最终设计参数。系统使用与维护中,利用大修周期来测定单台液压泵工作能力相对新系统的下降量,出现严重的容积下降时,应对该泵进行更换。

(D) 所研发的系统中选用高可靠性的管路单向阀。例如,某工程中选购力士乐公司 S 系列管路单向阀,其开启压力选择为 0.2 MPa,见图 2-4 中元件 8.1~8.5。

(E) 在研发系统中选用恒压变量柱塞式液压泵,见图 2-4 中元件 3.1~3.5,变量泵与比例节流阀一起组成容积-节流调速系统,泵的供油排量随步进式炉底机械工作速度需要而改变,增大了系统效率,减少了不必要的系统发热。

为解决液压系统油温过高问题,能源部分单独设立循环泵组进行冷却,并对工作介质进行过滤,开启主液压泵前 30min 先起动循环泵组,对油箱中的工作油液进行过滤与控温,见图 2-5。当系统平稳工作后,循环泵组负责将系统的回油经过循环泵(元件 20)、过滤器(元件 26)和水冷却器(元件 25)后送到主液压泵吸油侧(元件 33、34)。为使油液冷却充分,油温可调,冷却水采用净循环水,并在供水管上设置电磁水阀,当不需要冷却水时可对其进行切断,电控连锁动作见表 2-1 中序号 5。

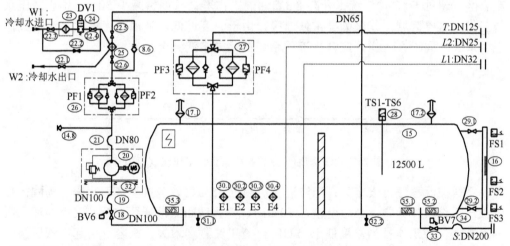

14.测压接头;15.油箱;16.液位传感器;17.空气滤清器;18.螺杆泵入口蝶阀带行程电气开关;19.吸油减震喉;20.循环螺杆泵带溢流阀;21.吸油减震喉;22.蝶阀;23.冷却水过滤器;24.电磁水阀;25.水冷却器;26.循环回路过滤器;27.回油过滤器;28.温度继电器;29.球阀;30.电加热器;31.放油截止阀;32.减振垫;33.泵组入口蝶阀带电气开关;34.循环泵减震喉;35.磁过滤器

图 2-5 液压原理图二(能源部分)

表 2-1 能源部分动作与检测信号

| 序号 | 动作与检测元件描述 | 动作与检测元件代号 | 接通/断开 |
|---|---|---|---|
| 1 | 主液压泵 1～5 号延时起动 | BV1～BV5, DH1～DH5, M1～M5 | －, +, + |
| 2 | 循环螺杆泵起动 | M6, BV6 | +, + |
| 3 | 工作油位信号(高/偏低/低) | FS1～FS3 | +, +, + |
| 4 | 工作油温信号(极高/极低) | TS1, TS6 | +, + |
| 5 | 电磁冷却水阀(打开/关闭) | TS4～TS5, DV1 | +, +/－ |
| 6 | 电加热器(打开/关闭) | TS2～TS3, E1～E4 | +, +/－ |
| 7 | 循环螺杆泵过滤器堵塞信号 | PF1, PF2 | +, + |
| 8 | 回油过滤器堵塞信号 | PF3, PF4 | +, + |

为增大油箱散热面积,将油箱容量设定为 12500L(在轧钢设备液压系统通用规范中,要求油箱容量为大于 10min 系统总流量),油箱外形设计为带支腿的长圆柱形,见图 2-5 中元件 15,消除了矩形油箱底部可能产生的散热盲区。

为监测工作油液温度,设立 3 触点温度继电器,见图 2-5 中元件 28。将温度极限信号输入电气控制系统,进行冷却水开闭操作和电加热器开闭操作。步进加热炉液控炉底机械的液压系统选用 46 号抗磨液压油(该油液为矿物油型),其工作的最佳温度范围如图 2-6 所示:油液工作在①区是最佳工作温度,也是油温控制目标区;工作在②区时系统性能较佳,且油液寿命最长,也是油温控制允许区;④区为异常高温区,超过 60℃时系统每升高 8.3℃油液工作寿命预期将减少 50%,禁止液压系统工作在这一区域;③区为异常低温区,由于温度过低,油液黏度增大,油泵吸油阻力增大。同④区一样,应禁止液压系统在此异常低温区工作。

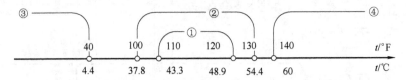

图 2-6 以矿物油为介质的液压系统工作温度范围

系统控温程序可设定为:当油液温度超过 55℃时,应产生高温报警,提醒操作者液压系统工作异常,当温度超过 60℃时,需要切断主液压泵电源,仅令循环泵组和冷却器保持工作;当温度低于 5℃时,液压油黏度增大,极容易引起主液压泵气蚀,此时锁定液压泵起动程序,开启电加热器使得油温超过这一温度后方允许系统起动,电控连锁动作见表 2-1 中序号 6。

(F)针对液压泵组引起的振动与噪声故障,在能源部分的电机-联轴器-液压泵总成下安装橡胶减振垫(图 2-4 中元件 12.1～12.5 和图 2-5 中元件 32)。安装电机、联轴器和液压泵时按规范进行,使其旋转组件同轴度达到公差要求,同时也消除了液压泵和电机轴承受到的附加径向力,可改善其轴承当量载荷,提高其工作寿命和可靠性。在满足油泵自吸要求的同时,选择高品质的吸油减震喉和高压胶管(图 2-4 中元件 2.1～2.5 和 5.1～5.5),避免电机液压泵组与供油管路、液压油箱的刚性连接,消除振动在它们中间的传导。

(G)该问题的解决途径如第(E)项所述,一方面接入电加热器,另一方面对油温进行监控。电加热器容量依据参考文献[73],与环境温度进行匹配计算。

(H)根据实践数据,液压系统中故障的 75%～80%都与工作油液的清洁程度有关。因此,液压过滤器是直接影响系统可靠性最重要的元件。炉底机械液压系统中对污染敏感度最高的液压比例阀要选择过滤器的精度为 $10\mu m$,过滤比 $\beta_{10}$ 取值应大于 300,过滤器名义流量按照 3 倍通过流量进行匹配选择。为过滤器配置堵塞报警发讯装置、目测污染指示灯和旁通阀。压力油过滤器、回油过滤器和循环过滤器都选择双筒过滤器(一工一备),其上面带切换球阀,当出现过滤器堵塞故障时,进行人工干预,将备用过滤器投入使用,并更换堵塞滤芯,这样可以省去更换滤芯的维修时间,提高了液压系统的可用度。

炉底机械液压系统中除了压力油过滤器、循环过滤器和回油过滤器,还设有油泵吸油口磁过滤器,见图 2-5 元件 35,防止工作介质中铁屑微粒进入液压泵产生异常磨损而失效。

(I)该问题用可靠性设计中的部件冗余储备解决[74],为工作泵组增加一套备用泵组,使液压系统成为多台泵并联在线工作,一台泵冷储备的冗余可靠性系统,形成如图 2-4 所示的备用可靠性系统(4/5 模型)。改进液压系统中多泵共用一个安全阀的结构(图 2-2 中元件 15),改为每台液压泵设置一个单独的电磁溢流阀,见图 2-4 中元件 7.1～7.5,在电气系统控制程序中设置延时程序代码,起动液压泵电机前 5s,先起动电磁溢流阀卸荷,使液压泵空载起动,可免除带负载起动产生的液压冲击。

按程序起动泵组并加强预防性维护措施,可延长泵组工作寿命和减少泵组故障率,使得液压泵在大修之前的工作期出现失效成为小概率事件,当这样的情况出现时,也可起动备用泵投入工作,对出现问题的泵及总成(由液压泵、电机、联轴器及溢流阀、压力表及开关组成)进行更换。液压系统只有在五台液压主泵中的两台同时失效的情况下,才能导致步进式炉底机械系统的工作任务失效。

为应对大修和紧急更换液压泵及总成的需要,在地下泵室内液压泵站的正上方,便于吊装的位置设置尺寸合乎要求的吊装孔,平时并不使用这个吊装孔,必须对其设置钢盖板,便于操作人员在车间地面行走。

## 2.2.2 系统控制与执行部分的可靠性设计

(J)该问题采用将升降回路板式安装的比例阀改为插装阀组成回路结构,具体见图 2-7,这样阀的污染耐受度可提高,进入液压先导阀的控制油,先经过精滤器过滤,设置图 2-7 中高压过滤器元件 38.1 和 38.2。

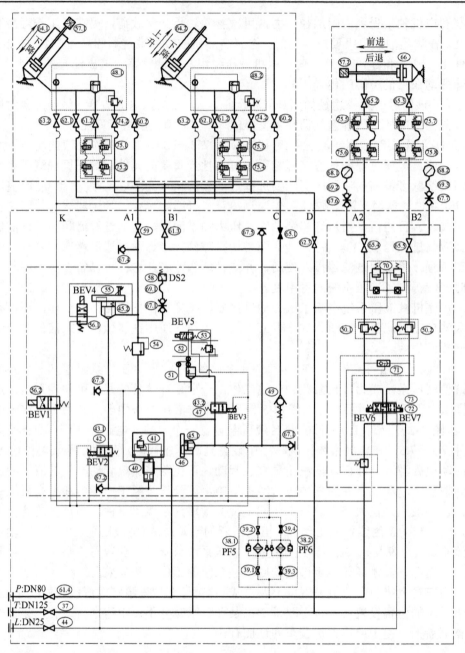

36.双防爆阀；37,39,44,59~63,65,74.球阀；38.过滤器；40,45,51.二通插装阀；41,46,52,55.插装阀盖板；42,47.二通插装比例节流阀；43,73.比例放大器；48.安全阀组；49.单向阀；50.单向顺序阀；53,56.电磁换向阀；54.直动式溢流阀；57.位移传感器；58.压力继电器；64.升降液压缸；66.平移液压缸；67.测压接头；68.轴向压力表；69.测压软管；70.缓冲制动阀；71.压力补偿阀；72.比例方向阀

图 2-7 液压原理图三（控制与执行部分）

(K) 该问题通过改造液压系统球阀配置来解决：将控制步进式炉底机械应急下降的常闭球阀设置到一处。除了备用的一组高压过滤器，这是控制部分唯一的常闭球阀，对其进行醒目的涂装(刷红色油漆)，并将操作方法与应对情况编入炉底机械液压系统维护与使用手册，对系统使用者进行反复的操作培训。

(L) 该问题的解决方法是，取消平移回路中液控单向阀组成的锁紧回路，保留回路中缓冲制动阀组，设置单向顺序阀支撑平移液压缸停位时的负载，见图 2-7 中元件 50.1 和 50.2。

(M) 该问题的解决方法是，合理设置液压系统中的测压接头，提高系统压力的可观测性，对于系统中重要的压力观测点，可同时设置压力继电器，见图 2-7 中元件 58 和图 2-4 中元件 6，对该位置的系统压力进行实时在线检测。为压力表和压力继电器与系统的连接考虑隔振措施，设置连接该液压元件用的测压软管和支架。

(N) 为解决该问题，需要对升降液压缸安全阀组进行改进，使控制回路中换向阀接通的控制油到达插装锥阀的控制腔，液压系统进入平移工作时，能可靠锁紧升降液压缸的动作，见图 2-7 中元件 48；将两个控制插装锥阀的电磁换向阀(图 2-3 中元件 1 和 2)合并，值得注意的是避免选择双电磁铁控制的三位四通阀，用一个二位三通阀进行控制。若使用双电磁铁控制三位四通阀，尤其注意采用交流线圈时，如果两个电磁铁线圈共同通电，并保持该状态一段时间后，通电的线圈中将会因起动电流太大而烧坏，此时电流大约为正常工作电流的 5 倍，这种故障仅当双电磁铁阀两个线圈分别相对装在同一阀芯的两端时才有发生的可能，必须选择此种阀时要考虑两个电磁铁的得电互锁，避免通电重叠引发故障。

目前，从液压系统的应用趋势表明用直流电磁铁要好于交流电磁铁。因为，步进式炉底机械液压系统属大型设备的控制系统，配置有单独的电气控制柜，装有标准稳压直流电源和模块化 PLC 系统，对电磁阀的连接与驱动变得很容易。其次，从可靠性方面进一步分析，在直流电磁铁中，起动时浪涌电流和工作电流大小相等，因过电流而烧坏线圈的情况就不会发生；与交流电磁铁相比，用直流电磁铁的液压阀允许的切换频率较高，而且在每个工作循环中切换时间都十分准确，交流电磁铁的切换时间可能每个循环都略有不同，它取决于线圈通电时刻的状态是最大相位还是最小相位，或者介于两者之间；直流电磁铁也存在可靠性使用隐患——通常它的开关触点比交流电磁铁线圈的开关触点烧坏要快，这是由于当线圈断电时，电磁感应储存在线圈中的能量必须释放，从而在断开的开关触点上产生电弧，这个能量可以通过给线圈并联一个续流二极管的方法安全地释放掉，二极管允许的额定电压至少应为直流电源电压的 2～3 倍。

从可靠性寿命来看，直流电磁铁在实验室最佳工作状态的相对寿命为 $3\times10^7$～$4\times10^7$ 次的切换，而交流电磁铁只有 $5\times10^6$～$2.5\times10^7$ 次。因此，在步进式炉底机械液压系统的研发中采用的普通电磁阀都用 DC24V 标准直流供电。在比例阀选择时,避免使用将驱动放大电路与阀结合的"集成电子"形式的阀(图 2-3 中元件 4 和 7),为比例阀选择单独的板式比例放大器,安装在电气控制柜内部,可有效降低阀在工作中电磁干扰的影响,还可避免运输过程或安装施工中不慎引起对集成电子控制器的碰撞损坏。根据液压系统图 2-7,将液压系统控制部分的电磁控制液压阀(包括普通电磁阀和比例电磁阀)与步进式炉底机械各工步配合动作顺序列写在表 2-2 中。

表 2-2 控制部分的动作表

| 工步 | 动作 | BEV1 | BEV2 | BEV3 | BEV4 | BEV5 | BEV6 | BEV7 | PF5,PF6 |
|---|---|---|---|---|---|---|---|---|---|
| 1 | 炉底机械上升 | - | + | - | + | - | - | - | - |
| 2 | 炉底机械前进 | + | - | - | - | - | + | - | - |
| 3 | 炉底机械下降 | - | - | + | - | + | - | - | - |
| 4 | 炉底机械后退 | + | - | - | - | - | - | + | - |

(O)该问题主要是设计者对设备负载分析不明确,或对阀的特征没有清楚的认识所致。一般液压方向阀的特征选项主要包括通径和额定流量、中位机能与阀芯结构、密封介质相容性、油口规定压力等级、电磁线圈通电类别、是否配置手动应急装置、最大切换时间、最高和最低工作温度、安装标准等。只有充分理解所选元件的特征选项,才能选择出工作时性能最佳且最可靠的液压阀。

(P)液压系统管路与配置存在很多容易被忽视的故障隐患和可靠性问题。如果能做到以下几点将能避免其中绝大多数问题的发生:合理设计管路安装空间;避免管道承受日照、烘烤或冰冻和严寒;计算每段管道中承载的压力、流量,并依据这两个主要数据对管道壁厚、通径进行匹配;施工中购买经过酸洗等多道工序处理的成品管道,按规范(如 DIN 2559,其形式见图 2-8)用坡口机为管端开焊接坡口,严格采用焊丝氩弧焊为手工电弧焊打底;按使用工况和元件特性选购液压胶管,并按规范合理安装;合理选择各类管接头、弯头、三通和管夹等管路附件,并按规范要求的位置和距离进行设置与安装;在管端短接对污染敏感的伺服阀、比例阀(或用普通阀代换),对安装好的配管按技术要求进行在线循环冲洗。

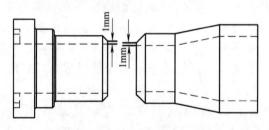

图 2-8 基于 DIN 2559 的液压油管焊接破口

经过对液压系统故障经验信息的归纳，在可靠性设计阶段对液压系统的改进，能极大地降低系统设计研发风险和调试投产后系统故障发生的概率。

## 2.3 液压元件降额可靠性设计与匹配

随着轧钢装备技术升级，对步进式炉底机械工作效率要求越来越高，液压系统装机功率越来越大。为满足生产要求，须合理协调液压系统的技术性能指标和设备制造经济度，这是液压系统中泵源、控制阀等液压元件可靠性设计的匹配问题。元件匹配偏小将造成炉底机械技术指标无法达到，元件匹配过大将造成系统制造成本、安装空间的大量浪费。

液压系统经过基于归纳故障经验的可靠性设计与改进，可确定液压系统工作回路的原理图，进一步的可靠性设计工作是确定各个液压元件的性能参数与设计选型。实践中元件可靠性匹配方法需确定液压系统静态工况，合理设计系统的静态特性，然后可根据现场实际的负载和环境因素在系统性能可达范围内进行调节，可实现完善、可靠的工作系统。

根据液压系统使用的实践经验，为保证液压系统能够长期连续且稳定地工作，系统设计中对液压元件采用可靠性降额设计，使其工作压力、工作流量、转速或扭矩低于该元件的额定值。这样可以有效提高可靠度，延长系统和元件使用寿命。通常，采用可靠性降额后元件在系统中的使用寿命可用式(2-1)来表达：

$$L = L_0 \frac{p_0}{p}\left(\frac{n_0}{n}\right)^2 \tag{2-1}$$

式中，$L$——降额得到的元件寿命；

$L_0$——额定工况的元件寿命；

$P$——降额后的工作压力；

$P_0$——额定工作压力；

$n$——降额后的转速或速度；

$n_0$——额定转速或速度。

降额设计应合理考虑制造重量、安装空间和研制成本等因素，在满足可靠性指标要求的前提下，适当确定降额程度。该问题也只能通过系统的工况计算来解决。

### 2.3.1 工况模型建立与计算分析

步进式炉底机械液压系统的工作情况分为上升、下降、前进和后退，共四种工况组合，联动一次，完成一个单周期的循环，使得运载钢坯或管材前进一步。下面结合某公司1250中厚板热轧生产线步进式炉底机械液压系统的工况模型进行计算，并用元件降额的方法匹配系统中的元件，实现液压系统的可靠性优化设计。

对工况模型的建立与求解可以用来确定液压系统的运行周期、主泵电机的装机功率和各回路压力与流量参数。上升工况中，两只升降执行液压缸带着步进式炉底机械总载荷和坯料总载荷。升降液压缸起动后高速运行接近钢坯，在靠近炉底静梁支撑面时，按照生产工艺要求，低速运行将钢坯抬起，再转为高速运行使钢坯抬升到距离炉底静梁支撑面有一个固定高度的位置。前进工况中，平移液压缸带着平移框架及以上的支撑动梁和坯料负载，起动后高速运行，接近行程终点时，进行预减速，再低速运行，最后减速停止，以求停位精确并减少冲击。下降工况中，落料段的速度也由生产工艺要求设定，为提高运行效率，同上升工况一样，在落料前后段也必须高速运行。后退工况中，除了坯料负载无需考虑，工作情况可按前进工况相同考虑。

首先建立液压系统上升工况计算模型，见图2-9，在图中分别表达该工况炉底机械受力情况、液压简化回路和液压缸运行的速度曲线。确定计算初始参数，见表2-3。

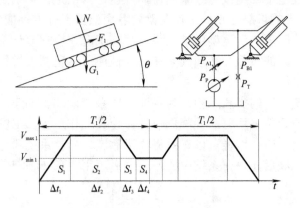

图 2-9　上升工况计算模型

表 2-3　上升工况初始参数

| 参数含义 | 参数代号 | 参数取值 | 参数单位 |
| --- | --- | --- | --- |
| 斜轨座上升角 | $\theta$ | 11 | 度(°) |
| 总载荷对应质量 | $m_1$ | 1270000 | 千克(kg) |
| 升降液压缸数量 | $K_1$ | 2 | 只 |
| 升降液压缸总行程 | $L_1$ | 1000 | 毫米(mm) |
| 升降液压缸活塞直径 | $D_1$ | 360 | 毫米(mm) |
| 升降液压缸活塞杆直径 | $d_1$ | 250 | 毫米(mm) |
| 升降液压缸低速段行程 | $L_{D1}$ | 200 | 毫米(mm) |
| 升降液压缸低速段运行速度 | $V_{min1}$ | 0.05 | 米每秒(m/s) |
| 升降液压缸起动加速时间 | $\Delta t_1$ | 0.5 | 秒(s) |
| 工作主液压油泵数量 | $x$ | 4 | 只 |
| 主液压油泵排量 | $V_b$ | 180 | 毫升(ml) |
| 主泵电机转速 | $n$ | 1480 | 转每分(r/min) |

对上升工况计算模型进行必要的说明：初始参数中，斜轨座上升角、升降液压缸数量由炉底机械结构设计确定；炉底机械总载荷对应质量包括升降框架质量、平移框架质量、炉底机械支撑动梁质量和钢坯质量，是四者之和，由机械结构设计和炉底机械工艺性能参数共同确定；升降液压缸总行程和低速段行程由工艺性能与机械结构中斜轨座上升角间接确定；升降液压缸活塞直径、主液压泵排量、主液压泵数量和主泵电机转速查阅设计资料与手册，由液压系统匹配设计预选定，并以计算所得运行周期等技术参数校核；液压缸最高运行速度由液压缸尺寸和油泵规格来间接确定，计算时考虑泵的容积效率和回路中先导控制流量，将泵的理论最大流量乘系数 0.9 作为供液压缸的实际最大流量；液压缸低速段运行速度根据运载坯料特性和以往积累的调试数据确定；升降液压缸起动加速时间根据比例元件调节时间的要求确定，为平稳运行留有余量。以相同的加速度考虑每一段的速度转换时间。

计算模型中为每一速度段设定运行时间 $\Delta t$ 和运行距离 $S$，为使系统调节方便，升降液压缸运行曲线相对于静梁支撑面对称，计算时只需包括曲线的左半段，得出上升工作时间的一半后，翻倍就可求得总上升时间，计入最终运行周期。装机功率的计算需获得工作泵压 $P_P$，计算时最直接的变量是液压缸供油压力 $P_{A1}$，其主要由步进式炉底机械重力沿斜轨座面的分量和加速、减速分量构成（计算时应考虑液压缸实际出力效率，将所得结果放大 1.25 倍），回油压力 $P_T$ 计为 0，回油管路沿程损失、回油过滤器和插装方向阀（图 2-7 中元件 45.1 和 46）引起回油背压合计考虑为 1.5MPa。计算出供油压力 $P_{A1}$ 后，加上供油压力损失就可计算出工作泵压 $P_P$。供油压力损失包括油管沿程损失和比例阀（含压力补偿插装阀）控制压差，按 2MPa 计入。

为了使得计算结果明晰和可靠，下面分步骤列出模型计算过程，见表 2-4，物理量单位采用工程中常用的或直观的量纲，并将计算常数（如圆周率 π 与重力加速度常量 $g$ 等）、变量的不同形式代换（如半径等于直径的 1/2）和单位转化都统一成一个换算常数，这样计算公式得到简化。除了在表 2-3 中已经说明含义的参数，其他参数表达意义也都汇总至附表 A-2 中。

### 表 2-4 上升工况计算过程

| 步骤代号 | 计算公式 | 计算结果 | 单位 |
| --- | --- | --- | --- |
| 步骤 1 | $Q_s = 0.0009 x \cdot n \cdot V_b$ | 959.04 | 升每分 (L/min) |
| 步骤 2 | $V_{\max 1} = 10.61 Q_S / D_1^2$ | 0.0785 | 米每秒 (m/s) |
| 步骤 3 | $a_1 = V_{\max 1} / \Delta t_1$ | 0.157 | 米每平方秒 (m/s²) |
| 步骤 4 | $S_1 = 500 V_{\max 1} \cdot \Delta t_1$ | 19.625 | 毫米 (mm) |
| 步骤 5 | $\Delta t_3 = (V_{\max 1} - V_{\min 1}) / a$ | 0.182 | 秒 (s) |
| 步骤 6 | $S_3 = 500(V_{\max 1} + V_{\min 1}) \cdot \Delta t_3$ | 11.694 | 毫米 (mm) |
| 步骤 7 | $S_4 = 0.5 L_{D1}$ | 100 | 毫米 (mm) |
| 步骤 8 | $S_2 = 0.5 L_1 - S_1 - S_3 - S_4$ | 368.681 | 毫米 (mm) |

续表

| 步骤代号 | 计算公式 | 计算结果 | 单位 |
|---|---|---|---|
| 步骤 9 | $\Delta t_2 = 0.001 S_2 / V_{\max 1}$ | 4.697 | 秒(s) |
| 步骤 10 | $\Delta t_4 = 0.001 S_4 / V_{\min 1}$ | 2 | 秒(s) |
| 步骤 11 | $T_1 = 2(\Delta t_1 + \Delta t_2 + \Delta t_3 + \Delta t_4)$ | 14.758 | 秒(s) |
| 步骤 12 | $P_G = 12.478 m_1 \cdot \sin\theta / (K_1 \cdot D_1^2)$ | 11.665 | 兆帕(MPa) |
| 步骤 13 | $P_{as} = 1.273 m_1 \cdot a_1 / (K_1 \cdot D_1^2)$ | 0.979 | 兆帕(MPa) |
| 步骤 14 | $P_{A1\max} = P_G + P_{as}$ | 12.644 | 兆帕(MPa) |
| 步骤 15 | $K_S = (d_1 / D_1)^2$ | 0.482 | |

建立系统前进工况计算模型，见图 2-10，分别表达该工况炉底机械受力情况、液压简化回路和液压缸运行速度曲线。确定计算初始参数，见表 2-5。

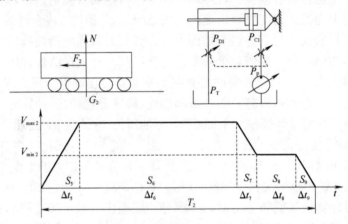

图 2-10 前进工况计算模型

表 2-5 前进工况初始参数

| 参数含义 | 参数代号 | 参数取值 | 参数单位 |
|---|---|---|---|
| 平移载荷对应质量 | $m_2$ | 770000 | 千克(kg) |
| 平移液压缸数量 | $K_2$ | 1 | 只 |
| 平移液压缸总行程 | $L_1$ | 600 | 毫米(mm) |
| 平移液压缸活塞直径 | $D_2$ | 250 | 毫米(mm) |
| 平移液压缸低速段行程 | $L_{D2}$ | 50 | 毫米(mm) |
| 平移液压缸低速段运行速度 | $V_{\min 2}$ | 0.05 | 米每秒(m/s) |
| 平移液压缸起动加速时间 | $\Delta t_5$ | 2 | 秒(s) |
| 平移液压缸最高限定速度 | $V_{\max 2}$ | 0.15 | 米每秒(m/s) |

对前进工况计算模型进行必要的说明：前进工况中，炉底机械载荷质量是除升降框架质量之外的平移框架质量、支撑动梁质量和坯料质量之和；平移液压缸数量由机械结构设计确定；平移液压缸总行程由炉底机械工艺性能参数确定。

为使炉底机械停位准确，在行程接近平移前进工况终点时，设立预减速段，因此产生一个低速运行段，这段的运行速度，由液压系统设计预先选定，根据现场负载调节；由于平移工况无需克服步进式炉底机械重力负载分量，仅需要克服加速、减速时惯性负载、阀控压降和管路沿程损失，所以平移液压缸的数量和尺寸都低于升降液压缸，运行中最高速度并不完全取决于主液压泵最大供油流量，而应根据步进式炉底机械运行平稳要求加以限制，根据调试经验给出最高速度限定数值；平移液压缸活塞直径由液压系统匹配设计预选定，并根据运行周期参数来校核。

同样，可以建立液压系统下降工况和后退工况计算模型，分别如图 2-11(a)和(b)所示，表达下降、后退工况下炉底机械受力模型、液压简化回路和液压缸运行速度曲线。

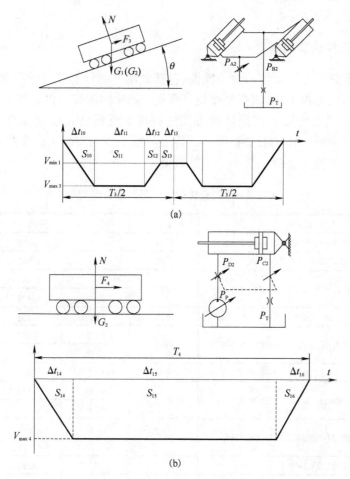

图 2-11　下降与后退工况计算模型

对模型进行必要说明：下降工况中，主液压泵排量变为零，由炉底机械自重为系统提供运动与控制的动力,回路充分利用了上升工况储存的重力势能,具有良好的节能效果;对液压回路简化的模型表明这是一个差动回路,为提高平稳性对液压缸运行最高速度进行限制,取值 0.10m/s,设定低速落钢段的运行速度与上升接钢段相同。平移后退工况中炉底机械液压系统负载最轻,平移液压缸的有杆腔受油压,其活塞受压面积最小。为提高炉底机械运行效率,取消前进工况中预减速段,同时为保证炉底机械运行平稳要求,对平移后退工况最高速度进行限制。取消预减速段后,炉底机械后退定位精度下降,将每次行程误差由平移液压缸上配置的传感器送入电控系统的 PLC 中,行程误差由同一电控系统控制的装料推钢机进行补偿。

限于篇幅,不逐一列出这两种工况的计算过程和初始参数表。进行模型计算后,可得出每步距运行周期为 41.5s,正常工作装机功率为 4×90kW,回路中各压力和流量参数不再逐一列举。

### 2.3.2 液压元件选型的确定

将液压系统各工况特性参数计算值(包括利用模型计算获得的各回路中泵、阀和管路中流量和压力损失)与液压系统设计手册、元件供应商提供的资料、现行国家标准及设计依据进行综合,按照降额方法进行可靠性设计,确定图 2-4、图 2-5 和图 2-7 中液压系统元件如表 2-6 所示。其中降额系数为实际工作参数与额定数据或行业标准规定数值的比值,是小于 1 的数值。

表 2-6 系统元件的降额可靠性设计列表

| 元件与型号 | 制造来源 | 降额参数 | 降额系数 | 元件序号 |
|---|---|---|---|---|
| 主泵入口蝶阀带电气开关 D71X-16-DN80 | 国内 | 流量 | 0.885 | 1 |
| 主泵吸油减震喉 KXT-1-DN80 | 国内 | 流量 | 0.885 | 2 |
| 恒压变量柱塞泵 A4VSO180DR22RPPB13N00N | 进口 | 压力 | 0.439 | 3 |
| | | 转速 | 0.822 | |
| 主泵电机 Y2-280M-4B33-90KW-1480r/min | 国内 | 功率 | 0.758 | 4 |
| 高压胶管 4SH32DKO-S(45)-20-05T-2500-V90 | 进口 | 压力 | 0.439 | 5 |
| | | 流量 | 0.974 | |
| 压力继电器 EDS343-2-250-000+ZBE03+ZBM300 | 进口 | 压力 | 0.615 | 6 |
| 电磁溢流阀 DBW16A3-5x/315G24N9K4R12 | 进口 | 压力 | 0.445 | 7 |
| | | 流量 | 0.666 | |
| 管路单向阀 M-SR25KE03-1X/G1 1/4 | 进口 | 压力 | 0.488 | 8 |
| | | 流量 | 0.888 | |
| 测压软管 SMS-15-1000-A | 进口 | 压力 | 0.389 | 9 |
| 轴向压力表 213.53.100/250bar G1/2RUE | 进口 | 压力 | 0.623 | 10 |
| 快速接头 HA0505000/G1 | 进口 | 压力 | 0.512 | 11 |

## 第 2 章 液压系统的可靠性设计与工程实践

续表

| 元件与型号 | 制造来源 | 降额参数 | 降额系数 | 元件序号 |
|---|---|---|---|---|
| 液压胶管 4SP20DKO-S(45)-20-05T-1500-V180 | 进口 | 压力 | 0.439 | 13 |
| 测压接头 SMK20- M16×1.51-PC | 进口 | 压力 | 0.247 | 14 |
| 油箱 12500L-1Cr18Ni9Ti | 国内 | 容积 | 0.852 | 15 |
| 空气滤清器 QUQ2-20X2.5 | 国内 | 流量 | 0.426 | 17 |
| 螺杆泵入口蝶阀带行程电气开关 D71X-16-DN100 | 国内 | 流量 | 0.934 | 18 |
| 吸油减震喉 KXT-1-DN100-2MPa | 国内 | 流量 | 0.934 | 19 |
| 循环螺杆泵组 HSNH440-46/Y160L-3-15 kW | 国内 | 流量 | 0.947 | 20 |
| 吸油减震喉 JGD-DN80-2MPa | 国内 | 流量 | 0.729 | 21 |
| 蝶阀 D71X-16-DN65 | 国内 | 流量 | 0.5 | 22 |
| 冷却水过滤器 DN63-1.6MPa-100μ | 国内 | 流量 | 0.470 | 23 |
| 电磁水阀 DN63-1.6Mpa-DC24V | 国内 | 流量 | 0.470 | 24 |
| 水冷却器 TL400NCFN | 进口 | 流量 | 0.712 | 25 |
| 循环回路过滤器 RFDBN/HC1300DAP5D1.X/-V-L24 | 进口 | 压力 | 0.066 | 26 |
| | | 流量 | 0.367 | |
| 回油过滤器 SDRLF-A2600X10P | 国内 | 压力 | 0.213 | 27 |
| | | 流量 | 0.346 | |
| 温度继电器 WSJ-150(0-100)-DC24V-L=200 M27X2 | 国内 | 温度 | 0.6 | 28 |
| 总吸油口蝶阀 D71X-16-DN200 | 国内 | 流量 | 0.565 | 33 |
| 总减震喉 KXT-1-DN200 | 国内 | 流量 | 0.565 | 34 |
| 液压球阀 Q41F-16-DN125 | 国内 | 流量 | 0.651 | 37 |
| 过滤器 DFBH/HC60TF5D1.X/-V-L24 | 进口 | 压力 | 0.742 | 38 |
| | | 流量 | 0.075 | |
| 高压球阀 YJZQ-J20W | 国内 | 压力 | 0.488 | 39 |
| | | 流量 | 0.060 | |
| 二通插装阀 LC50DR40E-7X | 进口 | 压力 | 0.488 | 40 |
| | | 流量 | 0.738 | |
| 二通插装比例节流阀 TDAV1097E32LAF | 进口 | 压力 | 0.439 | 42 |
| 液压球阀 Q41F-16-DN25 | 国内 | 流量 | 0.076 | 44 |
| 二通插装阀 LC63A20D-7X | 进口 | 压力 | 0.342 | 45 |
| 二通插装比例节流阀 TDAV1097E50LAF | 进口 | 压力 | 0.354 | 47 |
| 单向阀 M-SR10KE03-1X/G1/2 | 进口 | 压力 | 0.393 | 49 |
| 单向顺序阀 DZ30-3-5x/200 | 进口 | 压力 | 0.472 | 50 |
| | 进口 | 流量 | 0.736 | |
| 二通插装阀 LC63DB40D-7X | 进口 | 压力 | 0.295 | 51 |
| 电磁换向阀 3WE6A6X/EG24N9K4 | 进口 | 压力 | 0.354 | 53 |
| 直动式溢流阀 DBD20S10P1X/315 | 进口 | 压力 | 0.424 | 54 |

| 元件与型号 | 制造来源 | 降额参数 | 降额系数 | 元件序号 |
|---|---|---|---|---|
| 电磁换向阀 4WE6D6X/EG24N9K4B12 | 进口 | 压力 | 0.439 | 56 |
| 压力继电器 EDS344-4-250-Y00+ZBE03+ZBM300 | 进口 | 压力 | 0.535 | 58 |
| 高压球阀 QJH-100F | 国内 | 压力 | 0.354 | 59 |
|  |  | 流量 | 0.509 |  |
| 高压球阀 QJH-65F | 国内 | 压力 | 0.057 | 60 |
|  |  | 流量 | 0.929 |  |
| 高压球阀 QJH-80F | 国内 | 压力 | 0.439 | 61 |
|  |  | 流量 | 0.795 |  |
| 高压球阀 BKH-SAE-FS-420-25 | 进口 | 压力 | 0.295 | 62 |
| 高压球阀 BKH-SAE-FS-420-15 | 进口 | 压力 | 0.366 | 63 |
| 升降液压缸 WYX08CD250B360/250-1100.02AD | 国内 | 速度 | 0.025 | 64 |
|  |  | 压力 | 0.495 |  |
| 高压球阀 BKH-SAE-FS-420-32 | 进口 | 压力 | 0.295 | 65 |
| 平移液压缸 WYX08CD250E250/180-650.02AD | 国内 | 速度 | 0.038 | 66 |
| 平移液压缸 WYX08CD250E250/180-650.02AD |  | 压力 | 0.614 |  |
| 测压接头 SMK20- G1/8-PC | 国内 | 压力 | 0.244 | 67 |
| 轴向压力表 213.53.100/250barG1/2RUE | 进口 | 压力 | 0.615 | 68 |
| 测压软管 SMS-20/M1/2-1000-A | 进口 | 压力 | 0.384 | 69 |
| 缓冲制动阀 1LLRC75F12T35S | 进口 | 压力 | 0.488 | 70 |
| 比例方向阀 4WRKE25W6-350-P-3X/6EG24K31F1/D3M | 进口 | 压力 | 0.439 | 72 |
| 高压球阀 BKH-SAE-FS-420-20 | 进口 | 压力 | 0.295 | 74 |

### 2.3.3 系统性价平衡因子的计算

用液压元件工作参数降额的方法，完成了板坯炉底机械液压系统元件的可靠性设计与选型工作。整个液压系统对元件性能的利用率，即系统的配置经济度也是设计中需要评估，并作为提交设备用户的重要信息，也就是类似液压系统的"性能价格比"的指标。为此，作者提出液压系统的性价平衡因子，作为量化的衡量降额约束条件下液压系统中元件性能的利用率相对制造成本的评价指标。液压系统的性价平衡因子的计算公式如下：

$$N_S = \frac{\sum_{i=1}^{e}\left[n_i C_i \left(\frac{1}{k}\sum_{j=1}^{k} w_j^i\right)\right]}{\sum_{i=1}^{e} n_i C_i} \tag{2-2}$$

式中，$N_S$——液压系统性的性价平衡因子；

$C_i$——第 $i$ 种液压元件的价格；

$n_i$——第 $i$ 种液压元件的应用数量;

$w_j^i$——第 $i$ 种液压元件第 $j$ 个性能指标的降额系数。

式(2-2)中下角标 $i$ 的取值范围($i=1,2,\cdots,e$)表示液压系统的组成包括元件种类为 $e$;下角标 $j$ 的取值范围($j=1,2,\cdots,k$)表示该种元件共有 $k$ 个主要性能参数;式(2-2)的分母表示液压系统的元件总造价。由计算可得 $N_S$ 是一个介于 0~1 的常数,其取值越大,表示液压系统的元件性能利用越充分;其取值越小,表示液压系统中元件的降额程度越高,元件可靠性的预期寿命也越高。在步进式炉底机械液压系统的工程实践中,需要平衡液压系统中元件的利用率与预期寿命之间的关系,根据大量的工程统计资料分析,实践中可将系统性价平衡因子的取值控制在 0.60~0.80。例如,在某公司板坯步进式炉底机械液压系统中 $N_S$=0.69,在某公司回火炉的炉底机械液压系统中 $N_S$=0.74。

## 2.4 对液压系统薄弱环节可靠性的优化

炉底机械液压系统中连接执行元件——升降和平移液压缸的部位,采用液压胶管进行连接,可以给液压缸摆动的空间。连接用的液压胶管会频繁地弯曲变形,在压力管路中液压胶管还要承受压力波动与冲击,容易产生自身爆裂或者接头的扣压部位松脱失效。胶管长期安装在温度较高的炉底环境中,也非常容易老化,是系统的薄弱环节。由此而引发管路外泄事故,多种文献中都着重指出了这一问题[75-77]。炉底机械工作环境中有加热炉的供、排烟气管道等热源设备(图 1-7),发生泄漏故障极容易引起油液在炉底的燃烧,存在安全隐患。因此,需要对系统中的这个薄弱环节可靠性进行提高并增设预防措施。

### 2.4.1 应用普通防爆阀的解决方法

液压系统设计中一般将管路防爆阀接入这个薄弱环节,普通管路防爆阀的工作原理及结构如图 2-12 所示,用来防止由于管路破裂而引起的各种带负载液压执行机构下降失控问题。管路防爆阀的 B 油口与液压缸进油口相连,F 油口连接易爆危险管路。压力油从 F 油口到 B 油口能够正常导通。但压力油从 B 油口到 F 油口的流动由于节流阻力的作用,将会引起一个压力差。

在管路工作正常的情况下,从 B 到 F 产生的压差不会超过弹簧力,阀芯维持一定的开口度,液压油可以正常流通。如果危险管路出现问题,从 B 到 F 的流量会迅速增加,当压差超过弹簧力时,阀芯会立刻关闭,负载能够停留在管路破裂瞬间的位置上,直到 F 端恢复正常压力后,防爆阀方能开启。因为在系统中升降液压缸安全阀组起到了负载失控预防作用,所以系统中将防爆阀的 F 油口连接到易爆液压胶管,B 油口连接到能源部分供油端。

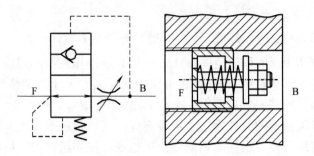

图 2-12 普通管路防爆阀的工作原理与结构

安装普通防爆阀后，液压胶管出现故障，炉底机械将停止运行。这个薄弱环节的可靠性预防措施，并未能提高炉底机械任务的有效度等可靠性指标。因此，需改进此设计。

### 2.4.2 并联冗余可靠性分析

根据并联冗余可靠性原理，一个由 $n$ 个部件组成的串联系统，设其为 $x_1, x_2, \cdots, x_n$，为了提高该串联系统的可靠性，可以在每个部件上实行冗余结构，或者全系统实行冗余，分别见图 2-13(a) 和 (b)。

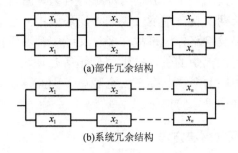

图 2-13 部件冗余与系统冗余的可靠性框图

可证明在任何情况下，采用部件冗余比采用系统冗余更有利于提高系统的可靠度，建立可靠性框图模型并进行分析可以证明此结论。

**证明**：设 $R_S$ 表示该系统可靠度，$P(x_i)$ 表示部件 $x_i$ 正常工作的概率，则常规串联系统可靠度可表示为

$$R_S = \prod_{i=1}^{n} P(x_i) \tag{2-3}$$

根据式 (2-3) 可以推导出式 (2-4) 和式 (2-5)，分别用来计算图 2-13 中的部件冗余与系统冗余可靠度，分别设为 $R_a$ 和 $R_b$。

$$R_a = \prod_{i=1}^{n}\left[2P(x_i) - P(x_i)^2\right] = \prod_{i=1}^{n} P(x_i)\prod_{i=1}^{n}\left[2 - P(x_i)\right] \tag{2-4}$$

$$R_b = 2\prod_{i=1}^{n} P(x_i) - \left[\prod_{i=1}^{n} P(x_i)\right]^2 \tag{2-5}$$

计算差值 $\Delta R$：

$$\begin{aligned}\Delta R = R_a - R_b &= \prod_{i=1}^{n} P(x_i)\left\{\prod_{i=1}^{n}\left[2 - P(x_i)\right] - \left[2 - \prod_{i=1}^{n} P(x_i)\right]\right\} \\ &= \prod_{i=1}^{n} P(x_i)\left\{\prod_{i=1}^{n-1}\left[2 - P(x_i)\right]\cdot\left[2 - P(x_n)\right] - \left[2 - \prod_{i=1}^{n} P(x_i)\right]\right\}\end{aligned} \tag{2-6}$$

由于 $0 < P(x_i) < 1$，故有 $2 - P(x_i) \geqslant 2 - \prod_{i=1}^{n} P(x_i)$，

$$\begin{aligned}\Delta R &= \prod_{i=1}^{n} P(x_i)\left\{\prod_{i=1}^{n-1}\left[2 - P(x_i)\right]\cdot\left[2 - P(x_n)\right] - \left[2 - \prod_{i=1}^{n} P(x_i)\right]\right\} \\ &\geqslant \prod_{i=1}^{n} P(x_i)\left\{\prod_{i=1}^{n-1}\left[2 - P(x_i)\right]\cdot\left[2 - \prod_{i=1}^{n} P(x_i)\right] - \left[2 - \prod_{i=1}^{n} P(x_i)\right]\right\} \\ &= \prod_{i=1}^{n} P(x_i)\cdot\left[2 - \prod_{i=1}^{n} P(x_i)\right]\cdot\left\{\prod_{i=1}^{n-1}\left[2 - P(x_i)\right] - 1\right\}\end{aligned} \tag{2-7}$$

又因为

$$1 \leqslant \prod_{i=1}^{n-1}\left[2 - P(x_i)\right] \leqslant 2^{n-1} \tag{2-8}$$

且有

$$0 < \prod_{i=1}^{n} P(x_i) < 1 \tag{2-9}$$

将式(2-8)和式(2-9)代入式(2-5)中，可得 $\Delta R > 0$，由此得证：$R_a \geqslant R_b$。

### 2.4.3 可靠性优化与实施

为提高系统的可靠度，如图 2-13(a)所示，对系每一个元件进行并联冗余可靠性设计，确实可以有效地实现设计目标，但这种做法在工程上往往不可行，因为系统除了必须受造价约束，还要考虑安装空间上能否实现。为升降和平移三只液压缸的供油管路进行全程冗余可靠性并联，从安装和造价两方面考虑都不妥当。这就促使考虑如何着手，使得系统满足安装和成本要求，又使得可靠度得以最大程度的改进，这是一个可靠性的优化问题。供油管路可视为一个串联系统，其可靠性优化

的解决途径如下:找出影响串联可靠度最大的部件,并着力改进它。

根据串联系统可靠性的计算公式(2-3),计算部件的重要度:

$$\frac{\partial R}{\partial R_i} = \prod_{\substack{j=1 \\ j \neq i}}^{n} R_j = \frac{R_S}{R_i} \tag{2-10}$$

如果能改善使所有的 $R_S/R_i$ 取最大值的那个部件 $i_0$ 的可靠度,那么对系统可靠度的提高是最有利的,即要求满足:

$$\frac{R}{R_{i_0}} = \max_{1 \leq i \leq n} \left( \frac{R_S}{R_i} \right) \tag{2-11}$$

或

$$R_{i_0} = \min_{1 \leq i \leq n} (R_i) \tag{2-12}$$

这就是说串联系统要提高其可靠度,只有提高系统中最薄弱环节时,可靠度的改善才是最有效的。同时,还要考虑成本与造价约束的问题。

设部件 $i$ 每单位可靠度的提高花费的成本为 $C_i$,如果可靠度从 $R_i$ 增加到 $R_i + \Delta_i$,那么部件成本应提高 $C_i \Delta_i$,对于串联系统可作如下考虑。

设系统的可靠度由 $R_S$ 增加到 $R^*$,求解的问题变为改善哪一个部件的可靠度使总成本最小。只考虑第 $i$ 部件改善了可靠度 $\Delta_i$,设其他部件的可靠度不变,则有下列等式:

$$R^* = \left( \prod_{\substack{j=1 \\ j \neq i}}^{n} R_j \right) (R_i + \Delta_i) = R_S + \Delta_i \cdot \prod_{\substack{j=1 \\ j \neq i}}^{n} R_j \tag{2-13}$$

$$\Delta_j = \frac{R^* - R}{\prod_{\substack{j=1 \\ j \neq i}}^{n} R_j} \tag{2-14}$$

同样,若只改善 $j$ 部件也使系统的可靠度由 $R_S$ 增加到 $R^*$,所花费的成本为 $C_j \Delta_j$,则

$$\left( \prod_{\substack{k=1 \\ k \neq i}}^{n} R_k \right) (R_i + \Delta_i) = \left( \prod_{\substack{k=1 \\ k \neq j}}^{n} R_k \right) (R_j + \Delta_j) \tag{2-15}$$

即

$$R_j (R_i + \Delta_i) = R_i (R_j + \Delta_j) \tag{2-16}$$

也就是

$$\Delta_i = \frac{R_i}{R_j}\Delta_j \tag{2-17}$$

$$C_i\Delta_i = C_i\frac{R_i}{R_j}\Delta_j = \frac{C_iR_i}{C_jR_j}C_j\Delta_j \tag{2-18}$$

结论：

$$\begin{cases} 当 \dfrac{C_iR_i}{C_jR_j} \leqslant 1时, & C_i\Delta_i \leqslant C_j\Delta_j \\ 当 \dfrac{C_iR_i}{C_jR_j} > 1时, & C_i\Delta_i > C_j\Delta_j \end{cases} \tag{2-19}$$

因此，只有找到一个部件 $i_0$，若能满足以下条件：

$$C_{i_0}R_{i_0} = \min_{1 \leqslant i \leqslant n} C_iR_i \tag{2-20}$$

那么，对于能满足式(2-18)条件的部件 $i_0$，提高它的可靠性所花费的成本最小，效益最高。

通过以上分析，能够发现解决问题的一种方法可以采用将整条压力管路系统设计为冗余结构，包括管路上的普通防爆阀、球阀、高压胶管、管接头和法兰。这样的解决方案相当于并联系统冗余的方案，但从安装空间和造价方面都大幅度提高，相对于炉底机械液压系统的可靠性设计来说不尽合理。只要改进压力管路最薄弱的高压胶管部分，就能够大幅度地提高液压系统的可靠性和可用度，同时高压胶管是整个供油管路系统的低成本元件，因此，着力提高此项元件的可靠度具有重要意义，可以满足效益最高化原则。针对炉底机械液压系统压力管路可用度、可靠性指标的提高，应以并联部件冗余可靠性原理为依据，围绕最薄弱的液压胶管元件展开可靠性优化设计。

对压力管路的液压胶管进行并联冗余可靠性设计后，普通的管路防爆阀的设计不宜应用于这一场合，需要进行重新设计。依据图 2-13(a)部件冗余可靠性框图的原理，用两条液压胶管将执行机构的液压缸与供油管路连接起来，液压胶管的两端均安装防爆阀，可提出如图 2-14 所示的双管路-双防爆阀工作原理。同一条液压胶管上的防爆阀反向安装，其中一个用来封闭液压系统供油一侧，另一个用来封闭升降和平移液压缸。

为使并联的液压胶管和防爆阀安装方便并连接可靠，基于并联冗余原理，在双管路-双防爆阀工作原理设计的基础上，研究并开发了双防爆阀结构，如图 2-15 所示。

在一个主阀体中安装两个防爆阀芯，在侧阀体上连接外部供油管路，双防爆阀在系统原理图中的连接位置见图 2-7 中元件 36。

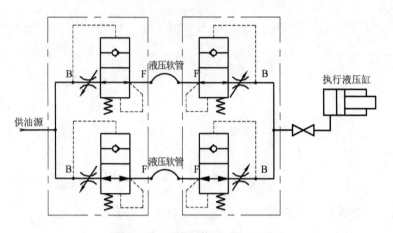

图 2-14 双管路-双防爆阀原理

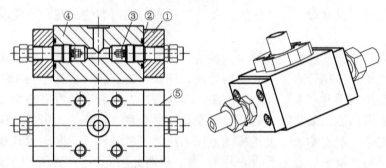

1. 侧盖；2. O 型圈；3. 阀芯；4. 主阀体；5. 紧固螺钉

图 2-15 双防爆阀结构

### 2.4.4 实施结果的分析

对双防爆阀和液压胶管组成的并联部件冗余结构作进一步的可靠性分析：根据系统并联可靠性原理，系统中只要有一个并联的子部件能够正常运转，则系统运转正常。设有 $n$ 个部件相互并联的冗余系统，其中第 $i$ 个部件可靠度为 $R_i(t)$，将并联冗余系统可靠性框图表达为图 2-16。

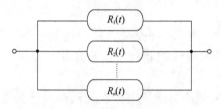

图 2-16 并联冗余可靠性的框图

## 第2章 液压系统的可靠性设计与工程实践

对于这样的并联冗余系统，当所有子部件均出现故障时，系统才发生故障，设系统的可靠度为 $R_S(t)$，可以得到式(2-21)。设子部件的失效度为 $F_i$，从子部件失效度来计算系统的可靠度，并比较系统与子部件的可靠度，可以得到式(2-22)和式(2-23)。

$$R_S(t) = 1 - \prod_{i=1}^{n}[1 - R_i(t)] \tag{2-21}$$

式中，$t>0$，$0<R_i(t)<1$ ($i=1,2,\cdots,n$)。

$$F_i = 1 - R_i(t) \tag{2-22}$$

$$\begin{aligned} R_S(t) - R_i(t) &= 1 - \prod_{i=1}^{n}[1 - R_i(t)] - R_i(t) \\ &= [1 - R_i(t)] - \prod_{i=1}^{n}[1 - R_i(t)] \\ &= F_i - \prod_{i=1}^{n} F_i \end{aligned} \tag{2-23}$$

式(2-23)中 $0<F_i<1$，因此 $F_i - \prod_{i=1}^{n} F_i > 0$，即 $R_S(t) > R_i(t)$，并联冗余系统的可靠性高于任意一个并联子部件的可靠性。因为在供油管路中并联系统组成部件是相同的，所以 $n$ 个子部件的可靠度相等，若设其都满足指数分布律，则有

$$R_1(t) = R_2(t) = \cdots = R_n(t) = \exp(-\lambda_i t) \tag{2-24}$$

$$\lambda_1 = \lambda_2 = \cdots = \lambda_n = \lambda \tag{2-25}$$

$$R_S(t) = 1 - [1 - R_i(t)]^n = 1 - [1 - \exp(-\lambda_i t)]^n \tag{2-26}$$

设子部件的平均无故障运行时间为 $\text{MTBF}_i$，系统的平均无故障运行时间为 $\text{MTBF}_S$，则有

$$\text{MTBF}_1 = \text{MTBF}_2 = \cdots = \text{MTBF}_n = \text{MTBF} \tag{2-27}$$

$$\begin{aligned} \text{MTBF}_S &= \int_0^\infty R_S(t)\mathrm{d}t = \int_0^\infty \{1 - [1 - \exp(-\lambda_i t)]^n\}\mathrm{d}t \\ &= \sum_{i=1}^{n} \frac{1}{i\lambda_i} = \left(\sum_{i=1}^{n} \frac{1}{i}\right)\text{MTBF} \end{aligned} \tag{2-28}$$

由此可见，升降与平移液压缸供油管路中使用这个部件冗余单元，即使在无更换与维修的情况下，平均无故障运行时间的理论计算值也比单独使用单管路-单防爆阀的系统提高 $\sum_{i=1}^{n}(1/i)$ 倍，即使得 $\text{MTBF}_S$ 提高 1.5 倍。定期检查与更换该单元，就可完全消除液压胶管失效的隐患，排除因管路爆裂引起意外停机的故障，提高炉底机械运行任务有效度和停机维修时间等可靠性技术指标。工程中应用该并联冗余可靠性设计，未能观测到发生因供油管路破裂而停产的事故[78]。

## 2.5 液压系统运行周期与定位精度指标的提高

### 2.5.1 系统性能指标存在的问题

某公司 1250 热轧中厚板生产线步进式炉底机械液压系统研发实践中,参考了某厂同型号步进式炉底机械液压系统中的设计问题。液压系统由意大利达涅利公司设计,系统采用比例节流阀单独控制,即缺少图 2-7 中元件 40、41、51、52、53 和 71。记录步进式炉底机械开始装钢的前 8 个步距的运行周期精度 $\Delta t$、上升定位精度 $\Delta h$、前进定位精度 $\Delta s$,见表 2-7。计算其均值:$\overline{\Delta t}$=0.67s、$\overline{\Delta h}$=5.6mm、$\overline{\Delta s}$=6.2mm。

表 2-7 运行周期与定位精度的数据

| 记录序号 | 1 | 2 | 3 | 4 | 5 | 6 | 7 | 8 |
| --- | --- | --- | --- | --- | --- | --- | --- | --- |
| 运行周期精度 $\Delta t$ /s | 0.82 | 0.76 | 0.71 | 0.69 | 0.67 | 0.61 | 0.55 | 0.51 |
| 上升定位精度 $\Delta h$ /mm | 8.40 | 3.10 | 7.20 | 8.30 | 1.50 | 6.80 | 5.50 | 4.20 |
| 前进定位精度 $\Delta s$ /mm | 4.50 | 9.30 | 8.90 | 7.60 | 5.40 | 3.10 | 2.70 | 7.90 |

### 2.5.2 提高性能的方案及分析

为某公司新研发的步进式炉底机械液压系统对运行周期和上升、前进定位精度这些性能指标,提出了非常明确的更高要求:$\Delta t \leqslant 0.5\,\mathrm{s}$,$\Delta h \leqslant 5\,\mathrm{mm}$,$\Delta s \leqslant 2.5\,\mathrm{mm}$。分析炉底机械液压系统回路,执行缸压力负载和流量都很大,但流量的变化较平稳,单行程中负载基本恒定,执行机构不存在剧烈换向。

如果能够提高液压系统速度刚度,则可以同时提高系统运行周期和定位精度。因此,将压力补偿原理中的定差减压和比例节流组合在一起,将两者的功能有机复合,可获得与电液比例流量阀相类似的负载特性,这是从液压系统回路设计方面解决问题的有效途径。

结合平移回路,对这种结构组合作进一步的分析,回路中由压力补偿阀和比例方向阀组合,这种复合功能的原理简化如图 2-17 所示。由减压阀芯动力平衡得

$$\begin{cases} (A_1+A_2)P_1(t)-A_3P_2(t)-K_1[x_0+x_\mathrm{r}(t)]+K_\mathrm{s}[x_1-x_\mathrm{r}(t)][P_\mathrm{s}-P_1(t)]=m_\mathrm{r}\dfrac{\mathrm{d}^2x(t)}{\mathrm{d}t^2}+B_\mathrm{r}\dfrac{\mathrm{d}x(t)}{\mathrm{d}t} \\ A_1+A_2=A_3 \end{cases}$$

(2-29)

式中,$x_0$——减压阀弹簧预压缩量;

$x_\mathrm{r}$——减压阀芯移动量;

$K_\mathrm{s}$——减压阀芯稳态液动力系数;

$x_1$——起始时阀口开量；

$m_r$——阀芯运动件质量；

$B_r$——阀芯的黏性阻尼系数。

其他符号如图 2-17 所示。式(2-29)经拉氏变换得

$$A_3[P_1(t) - P_2(t)] + K_{sp}[P_s - P_1(t)] = (m_r s^2 + B_r s + K_1 + K_{sx})X(s) \tag{2-30}$$

式中，$K_{sp}$——动态液动力系数；

$K_{sx}$——稳态液动力系数。

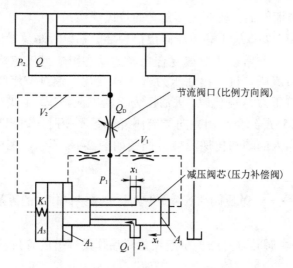

图 2-17 压力补偿阀-比例方向节流阀的组合功能

流过节流阀口的流量为

$$Q_1(t) = Q_D(t) + \frac{V_1}{\beta_e} \cdot \frac{dP_1(t)}{dt} + (A_1 + A_2) \cdot \frac{dx_r(t)}{dt} \tag{2-31}$$

式(2-31)经拉氏变换得

$$Q_1(s) = Q_D(s) + \frac{V_1}{\beta_e} \cdot s \cdot P_1(s) + A_3 \cdot s \cdot x_r(s) \tag{2-32}$$

经过节流阀流到执行机构的流量为

$$Q(t) = Q_D(t) + A_3 \cdot \frac{dx_r(t)}{dt} - \frac{V_2}{\beta_e} \cdot \frac{dP_2(t)}{dt} \tag{2-33}$$

式(2-33)经拉氏变换得

$$Q(s) = Q_D(s) + A_3 \cdot s \cdot x_r(s) - \frac{V_2}{\beta_e} \cdot s \cdot P_2(s) \tag{2-34}$$

流经节流阀和减压阀的流量又可以表示如下：

$$\begin{cases} Q_1(s) = -K_{qr}x_r(s) + K_{cr} \cdot [P_s - P_1(s)] \\ Q_D(s) = K_{qv}Y_v(s) + K_{cv} \cdot [P_1 - P_2(s)] \end{cases} \quad (2\text{-}35)$$

式中，$K_{qr}$——减压阀的流量增益；

$K_{cr}$——减压阀的流量压力系数；

$K_{qv}$——节流阀的流量增益；

$K_{cv}$——节流阀的流量压力系数；

$Y_v(s)$——节流阀的主阀芯位移量 $y$ 的拉氏变换。

式(2-34)中容腔 $V_2$ 主要取决于和节流阀出口相连的系统管路及器件的容积，在实际安装过程中可以使之非常小，对该复合功能的动态影响可以忽略。设减压阀进油压力不变，分析节流阀口进、出油压力 $P_1$、$P_2$ 变化时通过节流阀流量的响应，其实也就是分析出口压力 $P_2$ 变化时，进油压力 $P_1$ 的响应情况。由式(2-30)、式(2-32)、式(2-34)、式(2-35)得到当比例方向节流阀开口量不变时，以出口压力 $P_2$ 为输出、以进油压力 $P_1$ 为输入的动态传递函数方框图如图 2-18 所示，图中 $\omega_x$、$\omega_a$、$\omega_r$ 分别作如下解释。

$\omega_x = \sqrt{\dfrac{K_1 + K_{sx}}{m_r}}$ ——减压阀阀芯弹簧和液压弹簧共同作用的等效阀芯固有频率；

$\omega_a = \dfrac{K_{qr}}{A_3}$ ——由阀芯本身结构引起流量滞后作用环节的等效转折频率；

$\omega_r = \dfrac{\beta_e K_{cr}}{V_1}$ ——受控压力腔的转折频率。

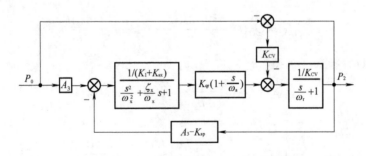

图 2-18 传递函数方框图

保证图 2-18 中 $A_3 - K_{sp} \geq 0$，上述环节成为闭环负反馈；图中的 $\omega_a$ 和 $\omega_r$ 都远大于 $\omega_x$，并且定差减压阀工作压差很小，负载变化不大，故该图中起主导作用的应该是二阶振荡环节。对其响应频率来讲，由于减压阀压力弹簧刚度和其阀芯的质量比 $K_1/m_r$ 可以做得很大，远大于比例速度控制系统的动力机构的响应频率，其动态特性在整个系统的工作频率范围内,可以简化成一个相对的比例环节。当系统处于稳态时,还需要通过稳态分析论证 $P_1-P_2$ 的值相对恒定。

由式(2-29)得稳态特性方程:

$$A_3P_1 - A_3P_2 = K_1(x_0 + x_r) + K_s(x_1 - x_r)(P - P_1) \qquad (2-36)$$

由式(2-31)~式(2-33)、式(2-35)可得流量关系:

$$\begin{cases} Q_1 = Q_D = Q \\ Q_D = C_d A_D(y)\sqrt{\dfrac{2}{\rho}(P_1 - P_2)} \end{cases} \qquad (2-37)$$

由式(2-36)和式(2-37)得

$$P_1 - P_2 = \frac{1}{A_3}\left[K_1 x_0\left(1 + \frac{x_r}{x_0}\right)\right] - K_s(x_1 - x_r)(P_1 - P_2) \qquad (2-38)$$

式中,括号中的第一项是弹簧力对压差的作用,第二项是液动力对压差的作用。因为系统中负载变化并不很大,故由液动力造成的压差变化占次要地位。同时,当弹簧的预压缩量相当大时,由式(2-38)可以看出 $K_1 \cdot x_0 / A_3$ 成为决定压差的主要因素。可见,如果外负载引起的压差 $(P_1 - P_2) \leqslant (K_1 \cdot x_0)/A_3$,这两种阀的组合功能就能满足控制压差不变。另外,可以通过阀本身的机构设计来弥补一些应用上的可靠性缺陷。由式(2-37)可得其等效流量增益:

$$K_{qv} = \frac{\partial Q}{\partial y} = \frac{dQ}{dy} = C_d A_D\sqrt{\frac{2}{\rho}(P_1 - P_2)} = C_d A_D\sqrt{\frac{2}{\rho} \cdot \frac{\varepsilon \cdot K_1 \cdot x_0}{A_3}} = \text{const} \qquad (2-39)$$

式中,$A_D$——节流阀口开口等效面积梯度;

$\varepsilon$——修正系数。

$$K_{cv} = \frac{\partial K_{qv}}{\partial (P_1 - P_2)} = 0 \qquad (2-40)$$

流量压力系数 $K_{cv}$ 为零,节流阀阀口两端的压差由定差减压阀决定,可以几乎保持不变,即流过阀口的流量几乎不随外负载变化。

图 2-7 升降回路中插装阀 40、插装阀盖板(带减压阀)41 构成二通插装比例节流阀 42 的压力补偿阀,插装阀 51、插装阀盖板(带减压阀)52 和比例节流阀 47 组合功能与之相同。这种功能的复合提高了系统的速度刚度,达到了对运行周期和定位精度的性能指标要求。

## 2.6 对热处理线炉底机械液压系统的简化设计

钢管热处理生产线中应用的钢管步进式炉底机械(包括热处理淬火炉和回火炉的炉底机械),由于负载和装机功率都低于热轧板坯步进式炉底机械,如果沿用板坯步进式炉底机械液压系统的设计,可以实现系统的控制作用但液压回路较为复杂,可靠性将得不到根本的改善而且并不经济。因此,需要对钢管步进式炉底机械的液压系统进行可靠性简化设计。

下面以某公司钢管热处理线回火炉的步进式炉底机械液压系统为例进行论述。

### 2.6.1 系统能源部分的简化

因为液压油箱容积和系统元件尺寸的缩减,可以将液压系统的能源部分中主液压泵组、冷却用循环螺杆泵组和液压油箱集成到一起,对系统管路进行简化。炉底机械液压系统的能源部分左侧设置循环泵组,右侧设置主液压泵组,油箱安装于中间,钢管步进式炉底机械液压系统能源部分的原理图见图2-19。

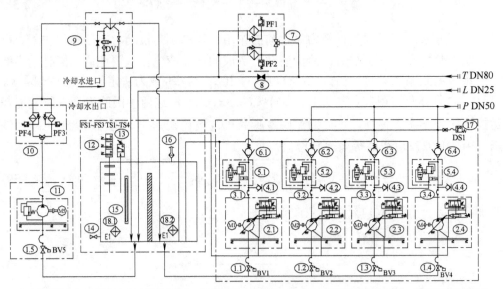

1.液压泵蝶阀带电气开关;2.主液压泵总成;3.高压胶管;4.测压接头;5.电磁溢流阀;6.单向阀;7.回油过滤器总成;8.旁通球阀;9.水冷却器总成;10.循环泵过滤器总成;11.循环泵总成;12.液位继电器;13.温度继电器;14.放油截止阀;15.液位液温计;16.空气滤清器;17.压力继电器;18.电加热器

图2-19 钢管炉底机械液压系统能源部分

保证能源部分功能的同时,由于油箱容量的缩减,将液位液温计和空气滤清器都简化为单个元件。调试和检修系统时,起检测每台液压泵压力作用的轴向压力表与软管被简化掉,设置测压接头以便需要时能够随时对压力表或压力传感器进行连接。主液压泵吸油口直接连接油箱,简化掉吸油口磁滤器,同时为保证进入液压泵油液清洁,设置能源部分起动程序,先由循环泵组与过滤器对油液过滤15min(油箱总油量循环5周次),然后主液压泵方可起动。主液压泵从被隔板分割的右半油箱,直接吸取循环过滤并冷却过的液压油,供系统使用后的发热回油经过滤并回到左半油箱,重新进入循环油泵过滤和冷却,在能源部分形成 8 字形循环回路,充分保证了液压介质的清洁度要求。

液压系统能源部分还沿用了板坯步进式炉底机械液压系统的可靠性设计措施:液压泵入口蝶阀配置电气开关;泵的驱动电机底座安装减振垫;回油过滤器总成与循环泵过滤器总成采用并联双筒可切换的可靠性结构;用传感器反馈压力(DS1)、温度(TS1~TS4)和液位信号(FS1~FS3)进入热处理生产线钢管炉底机械的专用控制计算机进行监控,能源部分动作与检测信号见表 2-8。

表 2-8 能源部分的动作与检测信号

| 序号 | 动作与检测元件描述 | 动作与检测元件代号 | 接通 / 断开 |
|---|---|---|---|
| 1 | 主液压泵 1~5 号延时起动 | BV1~BV4, DH1~DH4, M1~M4 | −, +, + |
| 2 | 循环螺杆泵起动 | M5, BV5 | +, + |
| 3 | 工作油位信号(高/偏低/低) | FS1~FS3 | +, +, + |
| 4 | 工作油温信号(极高/极低) | TS1, TS6 | +, + |
| 5 | 电磁冷却水阀(打开/关闭) | TS4~TS5, DV1 | +, +/− |
| 6 | 电加热器(打开/关闭) | TS2~TS3, E1, E2 | +, +/− |
| 7 | 循环螺杆泵过滤器堵塞信号 | PF3, PF4 | +, + |
| 8 | 回油过滤器堵塞信号 | PF1, PF2 | +, + |

## 2.6.2 控制与执行部分的简化

钢管热处理步进式炉底机械液压系统的控制与执行部分,系统原理见图 2-20。执行部分包括一只带位移传感器的平移液压缸、两只带安全阀组和位移传感器的升降液压缸,还有液压球阀、胶管和双管路防爆阀组,液压系统执行部分控制平移动作的回路与板坯步进式炉底机械的原理是相同的,保留调试过程中使得油缸压力可见的测压接头,但简化掉阀台控制油口 A2、B2 的液压表及连接。

大幅简化了控制升降的液压回路。升降回路进行可靠性简化设计,简化方向功能的插装阀及控制盖板各两块,简化压力功能的插装阀及控制盖板各两块,简化二通插装比例节流阀及比例放大器各两块,简化二位四通方向控制电磁阀两块,取代它们的是图 2-20 中的 O 型中位机能液压比例方向阀(元件 8.1)及压力补偿阀和比例控制放大器,还有对下降工况起支撑作用的平衡阀(元件 13),从元件简化的数量来看为 4∶14。钢管热处理线炉底机械各工况动作中,所操纵元件数量比板坯炉底机械也相应大幅度简化,见表 2-9。

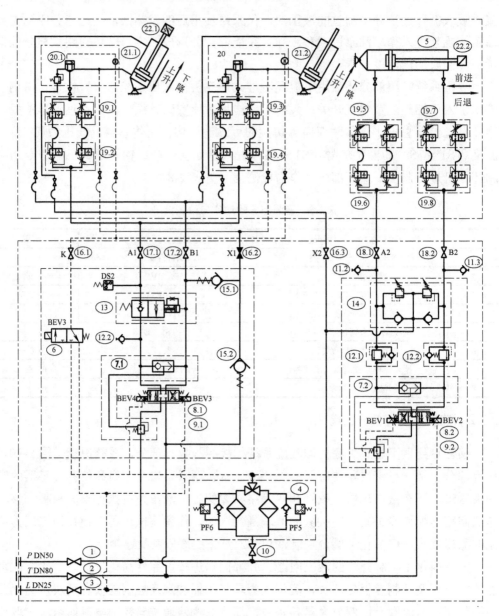

1,2,3,10,16,17,18.液压球阀；4.控制油过滤器总成；5.平移液压缸；6.电磁换向阀；7.压力补偿阀；8.电液比例方向阀；9.比例放大器；11.测压接头；12.单向顺序阀；13.平衡阀；14.缓冲制动阀；15.单向阀；19.双防爆阀；20.插装安全阀组；21.升降液压缸；22.位移传感器；23压力继电器

图 2-20 钢管炉底机械液压系统控制与执行部分

表 2-9　控制部分的动作表

| 工步 | 动作 | BEV1 | BEV2 | BEV3 | BEV4 | BEV5 | PF5，PF6 |
|---|---|---|---|---|---|---|---|
| 1 | 炉底机械上升 | − | − | − | + | − | − |
| 2 | 炉底机械前进 | − | + | − | − | + | − |
| 3 | 炉底机械下降 | − | − | + | − | − | − |
| 4 | 炉底机械后退 | + | − | − | − | + | − |

通过实践证明，经简化设计后大幅度提高了该系统可靠度，延长了故障间隔时间。

## 2.7　本章要点回顾

本章论述了作者在炉底机械液压系统研发与可靠性设计过程中，通过对同类或类似液压系统以往故障经验的归纳，有针对性地在设计与实施的工程实践中逐一解决问题，降低了系统研发风险和故障隐患，由此完成了各项炉底机械液压系统的设计工作，提高了系统的可靠性。

在可靠性设计中还综合运用了并联冗余系统可靠性设计方法、储备冗余系统可靠性设计方法、降额可靠性设计方法和简化系统可靠性设计方法等理论方法，提高了炉底机械液压系统可靠性的性能指标。

# 第3章 液压系统和炉机承载托辊可靠度的计算与预测

可靠度是系统或部件在规定的条件下和规定的时间内，完成规定功能的概率，也就是可靠性用概率的大小来加以度量。这里，规定的条件包括工况条件、操作条件、维护条件、修理条件和作业量等；规定的时间则是根据用户方面要求或设计目标决定的期限。当然，也可以对时间的概念进行扩展，即它不仅可以是小时、天、月和年，也可以是炉底机械循环次数、传送钢坯吨数等；至于规定的功能，是指达到设计要求或规定的工作性能指标。

设系统或部件的寿命为 $\tau$，若已知其故障分布函数 $F(t)$，则按可靠度定义，要求在规定的条件和规定的时间内，始终保持规定的功能，即一直处于完好技术状况，可靠度 $R(t)$ 可表示为

$$R(t) = P(\tau > t) = 1 - P(\tau \leqslant t) = 1 - F(t) = \int_t^\infty f(x)\mathrm{d}x \tag{3-1}$$

式中，$t$ 是所规定的时间，而规定的条件和规定的功能，则包含在故障定义中。在式(3-1)中，若取 $t$ 趋近于 $\infty$，则有

$$R(\infty) = \lim_{t \to \infty} R(t) = 0 \tag{3-2}$$

这表明，当 $t$ 为无限大时，再可靠的炉底机械液压系统和机械部件也要发生失效故障。对式(3-1)微分得

$$f(t) = -R'(t) = -\frac{\mathrm{d}R(t)}{\mathrm{d}t} \tag{3-3}$$

由此可见，可靠度函数 $R(t)$、故障分布函数 $F(t)$ 和故障概率密度函数 $f(t)$ 三者之间存在如图 3-1(a) 所示的关系。至于函数 $R(t)$ 和 $F(t)$ 随时间推移而变化的趋势，则如图 3-1(b) 所示。

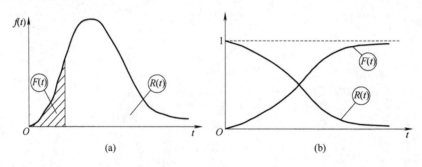

图 3-1 函数 $F(t)$、$f(t)$ 和 $R(t)$ 的关系

可修复性差的元件或部件，可靠度也常用其观测值表示，它是指直到规定的时间区间终了，能完成规定功能（完好）的产品数与在该区间开始时投入工作的产品数之比，即

$$\hat{R}(t) = \frac{N_s(t)}{N_0} = 1 - \frac{N_f(t)}{N_0} \tag{3-4}$$

式中，$\hat{R}(t)$——元件或部件可靠度的观测值；

$N_0$——投入工作的产品总数；

$N_s(t)$——在规定截止时间，完好的元件或部件数目；

$N_f(t)$——在规定截止时间，故障的元件或部件数目。

通过对系统和部件的可靠度进行计算与预测主要可以实现如下的工程意义。

(1) 在不降低可靠度的前提下，用可实现同类功能但价格更低廉的元件、部件替换昂贵的元件、部件，以达到降低整机造价、提高市场竞争力的目的。

(2) 对系统或部件的工作老化情况作出预测，为制定维修或停用、报废等计划提供依据。例如，某厂规定炉底机械的液压系统可靠度预测值达到 0.8 时进行预防性大修。根据系统的重要程度，对于冶金装备采用可靠度达黄金分割值 0.618、可靠度为 0.5（中位寿命）或 0.3679（特征寿命）时分别进行大修的策略。

(3) 对于可靠度极高的元件或部件，在不令系统可靠度发生明显下降的前提下，应力争降低其库存备品备件的数量，以利于降低购置费用和库存管理的工作量。

下面通过步进式炉底机械的液压系统和炉机承载托辊部件的可靠度计算与预测，结合工程实践进行说明。

## 3.1 液压系统可靠度数据统计与预测

### 3.1.1 两种油泵的可靠性统计与泵源的可靠度预测

在对可靠性要求严格的冶金工业液压系统中，设计者和系统用户对液压系统最昂贵的核心元件——液压油泵的选择，存在两种不同的倾向。其中一种认为，国产液压油泵的工作可靠性与寿命不过关，还无法与国际知名品牌的液压泵相比，因此他们坚持采用进口液压泵。另一种则认为，通过长时期的引进吸收和自主研发相结合，国内生产的常规液压泵的可靠性与寿命与国外相差无几，而从价格方面衡量，国内产品无疑具有极大的优势，因此他们主张采用国内液压泵。

由于存在以上两种设计倾向，在实施的工程中，即有全线采用进口品牌液压油泵的实例，也有完全采用国产液压油泵的情况。为了对这两种设计理念的优劣作出分析，根据以往实施的工程[78]，收集两种品牌的液压主泵工作寿命的实践考核数据，

并对其进行统计分析。

为了便于说明问题,进行统计分析的两种泵同属斜盘恒压变量式柱塞液压泵,工作油液都使用了 46 号抗磨液压油,驱动电机都采用同步转速为 1500r/min 的 4 级三相异步电机,电机为 S4 工作制,调定工作压力都为 18~22MPa。其中一种是德国制造的某著名品牌,另一种是国内著名元件厂通过引进消化国外的核心技术后,所研制相同形式的产品。

考核中进口油泵共计 69 台,国产油泵共计 83 台。故障考核期为四年,共得到失效数据 36 条,其中进口油泵失效 16 台,国产油泵失效 20 台,见表 3-1,表中记录了油泵发生故障时的工作小时数。将数据按每 6h 一个工作班次的时间单位进行归一化处理,列入表 3-1 中,其中 A 行数据表示进口油泵的工作寿命,即工作班次,而 B 行数据表示国产油泵的工作寿命。

表 3-1　油泵寿命记录　　　　　　　（单位:工作班次）

| A | 3158 | 2526 | 1841 | 3249 | 4126 | 3092 | 5033 | 3773 | 1690 | 1911 |
|---|------|------|------|------|------|------|------|------|------|------|
| B | 4677 | 2564 | 1808 | 3768 | 2407 | 3555 | 4117 | 4760 | 4735 | 2522 |
| A | 3942 | 2331 | 4094 | 2986 | 5714 | 2613 | — | — | — | — |
| B | 2456 | 1725 | 2884 | 3274 | 1450 | 1893 | 2676 | 3938 | 4191 | 3122 |

根据表 3-1 中油泵发生失效时间的工作寿命,能够计算出故障泵的平均工作时间分别为 $MTBF_A=3254.9$,$MTBF_B=3126.1$,单位为工作班次,其相对误差约为 4.12%。利用表 3-1 中的数据,还可得出可靠度的统计数据见表 3-2。

表 3-2　油泵可靠度统计表

| 时序号 | 1 | 2 | 3 | 4 | 5 | 6 |
|--------|-----|-----|-----|-----|-----|------|
| A | 1/69 | 3/69 | 4/69 | 6/69 | 9/69 | 10/69 |
| B | 2/83 | 4/83 | 6/83 | 9/83 | 11/83 | 13/83 |
| 时序号 | 7 | 8 | 9 | 10 | 11 | 12 |
| A | 12/69 | 14/69 | 14/69 | 15/69 | 15/69 | 16/69 |
| B | 15/83 | 17/83 | 18/83 | 20/83 | 20/83 | 20/83 |

在表 3-2 中,时序号一行表示油泵工作的时间增量,以季度为单位,需要说明的是当油泵工作损坏周期不足 1 年时,由制造商承担无条件更换,因而收集到的故障数据都是 1 年之外的,即时序号 1 所表示的时间是第 2 年的第 1 季度。A、B 两行数据分别表示两种油泵,其中 A 为进口油泵,B 为国产油泵。数据分子部分表示故障油泵数量,分母部分是所考察的油泵总数,故表 3-2 中的数据相当于用式(3-4)计算所得的可靠度。

这相当于对两种泵进行定时结尾的现场寿命试验，与实验室条件下的试验数据相比，它更能客观地说明油泵的可靠性水平。利用式(3-5)计算表 3-2 中 A、B 的数据差，并计算其数学期望和方差，可得数据差的期望为 0.0119，方差为 $5.9998\times10^{-5}$，由此可见其可靠度差距并不显著，因此完全可推荐采用国内的产品取代进口产品。

$$\begin{cases} X_i = Y_i^B - Y_i^A \\ \overline{X} = \dfrac{1}{n}\sum_{i=1}^{n} X_i \\ S^2 = \dfrac{1}{n-1}\sum_{i=1}^{n}(X_i - \overline{X}^2) \end{cases} \tag{3-5}$$

式中，$i$——时序号，取值为 1~12；

$Y_i^A$——时序号为 $i$ 对应表 3-2 中的 A 组可靠度数据；

$Y_i^B$——时序号为 $i$ 对应表 3-2 中的 B 组可靠度数据；

$\overline{X}$——可靠度数据差的数学期望；

$S^2$——可靠度数据差的方差。

液压系统的泵源部分，油箱本体是焊接结构，一般不会发生机械故障，而液位和液温等传感器若出现误报故障，也可由人工校对油箱上连接的可目测液位液温计加以识别，若其出现误报故障并不会妨碍液压系统完成功能，进而延误生产。油箱管接头和法兰的渗漏故障容易发现，一经发现也较易解决。故最终决定泵源系统可靠性的主导因素还是主液压泵的可靠度，而且其采购与更换占用更长的维修时间。

$$\begin{cases} f_w(t) = \dfrac{k}{b}\left(\dfrac{t-a}{b}\right)^{k-1}\cdot\exp\left[-\left(\dfrac{t-a}{b}\right)^k\right] \\ F(t) = 1-\exp\left[-\left(\dfrac{t-a}{b}\right)^k\right] \\ R(t) = \exp\left[-\left(\dfrac{t-a}{b}\right)^k\right] \end{cases}, \quad t\geqslant a,\ k>0,\ b>0 \tag{3-6}$$

式中，$k$——韦布尔分布形状参数；

$a$——韦布尔分布位置参数；

$b$——韦布尔分布尺度参数。

液压泵的可靠度概率分布可认为服从韦布尔分布[79,80]，其故障概率密度函数、分布函数和可靠度函数形式如式(3-6)所示。

用所收集到的 A、B 液压泵寿命数据，进行分布拟合，可得液压泵的故障概率密度函数和可靠度分布函数如图 3-2 所示，分布中的待定参数 $a$ 取值为 1410.5，$b$ 取值为 3803.4，$k$ 取值为 2.3。

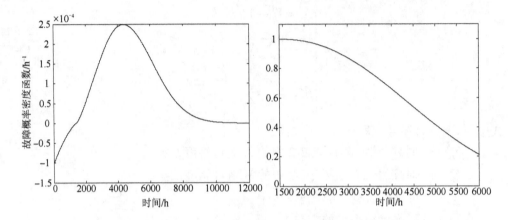

图 3-2　油泵的故障概率密度函数与可靠度函数

由于步进式炉底机械的液压系统设计中，都为液压泵组配备了一个备用主液压泵，因而液压泵组构成 $n/k$ 可靠性模型，其中 $k=n-1$，则液压泵组的可靠性框图如图 3-3 所示，故其可靠度表示为式(3-7)。设每台液压泵的故障独立同分布，由 $n$ 重伯努利试验的概率模型可推得恰有 $N$ 台泵失效概率的计算公式为式(3-8)，因此泵组失效概率能用式(3-9)计算，代入式(3-7)可解得泵组可靠度。

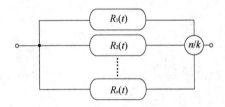

图 3-3　液压泵组的可靠性框图模型

以某公司 1250 热轧线板坯炉底机械液压系统泵组为例，已知 $n=5$，且知单台主液压泵的故障概率密度函数，用 Matlab 软件编写计算程序，可得其可靠度曲线如图 3-4 所示，其中实线表示带备用泵冗余设计的泵组可靠度，点划线表示无冗余设计的泵组可靠度，可以看出带备用泵冗余设计泵组的可靠度始终高于无冗余泵组。

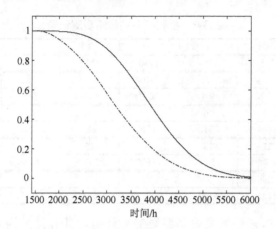

图 3-4 液压泵组的可靠度函数

$$R_{\text{pumps}}(t) = 1 - F_{N \geqslant 2}(t) \tag{3-7}$$

$$P(X = N) = \binom{n}{N}(1 - R_{\text{pump}})^N (R_{\text{pump}})^{(n-N)} \tag{3-8}$$

$$\begin{aligned} F_{N \geqslant 2}(t) &= 1 - P(X = 0) - P(X = 1) \\ &= 1 - (R_{\text{pump}})^n - n(1 - R_{\text{pump}})(R_{\text{pump}})^{n-1} \end{aligned} \tag{3-9}$$

式中，$R_{\text{pumps}}(t)$——液压泵组的可靠度；

$F_{N \geqslant 2}(t)$——泵组中出现两台或更多主液压泵失效的概率；

$R_{\text{pump}}$——单台液压泵的可靠度；

$n$——泵组中液压泵总台数；

$N$——失效液压泵台数。

### 3.1.2 控制阀组和液压系统的可靠度计算与预测

在可靠性框图中，液压系统控制阀组的可靠性由各液压控制阀的任务可靠性串联组成，经证实液压控制阀任务可靠性能够由指数分布进行分析[44,58]，由此可进一步得出元件组成的串联系统本身也具有指数分布的统计特性。

指数分布的概率密度函数、分布函数、可靠度函数和平均无故障工作时间如式（3-10）所示，其中 $\lambda$ 是指数分布的失效率参数。

$$\begin{cases} f_{\text{w}}(t) = \lambda \exp(-\lambda \cdot t) \\ F(t) = 1 - \exp(-\lambda \cdot t) \\ R(t) = \exp(-\lambda \cdot t) \\ \text{MTBF} = 1/\lambda \end{cases}, \quad t > 0 \tag{3-10}$$

依据对相同类型 35 台钢管加热炉炉底机械液压系统交付以后实际考核中控制阀台的故障观测记录，可得表 3-3，表中的数据为各控制阀台在完全交付以后的首次故障时间，以泵组相同的单位归一化为班次。

表 3-3 控制阀台的故障观测记录

| 阀台序号 | 1 | 2 | 3 | 4 | 5 | 6 | 7 |
|---|---|---|---|---|---|---|---|
| 故障时刻/h | 131 | 3754 | 1280 | 1849 | 295 | 696 | 2010 |
| 阀台序号 | 8 | 9 | 10 | 11 | 12 | 13 | 14 |
| 故障时刻/h | 10226 | 504 | 2077 | 1244 | 598 | 209 | 778 |
| 阀台序号 | 15 | 16 | 17 | 18 | 19 | 20 | 21 |
| 故障时刻/h | 4449 | 2312 | 171 | 222 | 2283 | 288 | 7302 |
| 阀台序号 | 22 | 23 | 24 | 25 | 26 | 27 | 28 |
| 故障时刻/h | 2670 | 530 | 11839 | 5060 | 4090 | 4141 | 1293 |
| 阀台序号 | 29 | 30 | 31 | 32 | 33 | 34 | 35 |
| 故障时刻/h | 3335 | 4140 | 10717 | 748 | 2075 | 181 | 1957 |

用点估计的方法来计算失效率参数的估计值，计算公式为式(3-11)，其中 $t_i$ 的取值依次代入表 3-3 中的观测数据，求得 $\hat{\lambda}$ 为 $3.6666 \times 10^{-4}$，由此可确定控制阀组的可靠度函数。

$$\begin{cases} \hat{\lambda} = 1/(\bar{t}) \\ \bar{t} = \sum_{i=1}^{35} t_i \end{cases} \quad (3\text{-}11)$$

求得控制阀组可靠度函数和泵组可靠度函数，由于从系统功能上这两部分是串联关系，用 Lusser 定理可预测液压系统的可靠度，其计算公式为式(3-12)，式中分别用 $R_{\text{System}}$、$R_{\text{Pumps}}$ 和 $R_{\text{Valves}}$ 来表示液压系统、泵组和控制阀组的可靠度。

$$R_{\text{System}} = R_{\text{Pumps}} \cdot R_{\text{Valves}} \quad (3\text{-}12)$$

对具体的系统代入相应参数，可用计算程序得到该系统可靠度预测曲线。作为算例，供给印度尼西亚某公司的钢管加热炉步进式炉底机械液压系统可靠度预测曲线如图 3-5 所示。

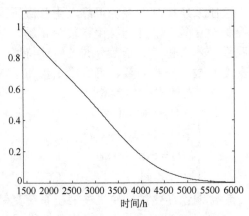

图 3-5 可靠度预测曲线

## 3.2 承载托辊的维修性设计与可靠度预测

### 3.2.1 承载托辊维修设计与拆卸试验

承载托辊是炉底机械的关键部件,它安装在升降框架和平移框架的下方,由于部件的应用数量较多,以及其轴承载荷较大,因此成为炉底机械结构中容易发生故障的部件,随使用时间的延长需要进行托辊转轴、轴承、连接螺栓与油封等零部件的更换。

传统的设计与安装方法是,在炉底机械试车完毕后,用手工电弧焊将机械框架、支撑动梁、定心轮和升降平移承载托辊等部件螺栓连接的结合面全部焊接,使框架结构与机械部件成为不可拆卸的整体结构。这样的施工方式,对于在炉底机械使用周期基本不会发生失效的平移框架、升降框架与支撑动梁等受力结构件是非常方便与合理的,它防止了连接螺栓松脱引发的失效。但对于定心轮、升降托辊和平移托辊这样需要更换失效零件的传动部件,由于拆卸现场只能位于空间狭窄且环境酷热的加热炉底部,维修难度较高,拆卸与更换备件(如轴承、连接螺栓等)的维修时间也较长。

基于以上分析,在炉底机械的工程实践中,改变承载托辊的维修策略,不进行承载托辊与框架结构螺栓连接面的焊接作业,在承载托辊的受力轴承或转轴等传动零件出现故障与失效的情况下,用液压千斤顶支撑故障部位框架上的负载,松开托辊与框架连接面的螺栓,对承载托辊进行整体拆卸与更换,将发生故障的托辊运出炉底区域,送机修车间进行拆解与维修。以某公司炉底机械$\phi$700托辊为例,其装配结构见图 3-6,不计入行政维修时间,平均更换 1 个平移框架承载托辊的技术维修时间为16min,更换 1 个升降框架承载托辊的技术维修时间为13min。

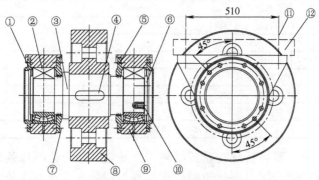

1.轴承端盖与油封;2.托辊轴承;3.托辊转轴;4.平键;5.轴承透盖与油封;6.轴承压板;7.轴承盖连接螺栓;8.托辊轮;9.轴承座;10.压板连接螺栓;11.承载托辊连接螺栓;12.炉底机械框架

图 3-6 炉底机械的承载托辊

设计中对承载托辊本身也进行了利于拆卸的可靠性设计，对于尺寸配合较为精密的轴承端盖、轴承透盖与轴承座孔部位，在轴承端盖圆面上与竖直线呈 45°夹角的位置开设两个端盖拆卸用螺纹孔，这两个孔对应轴承座的位置不设螺纹孔，是一个平面。拆卸轴承端盖的时候，旋开端盖连接螺柱，再旋入拆卸用螺柱将端盖从轴承座孔中顶起，能够抵消由于尺寸配合引起的摩擦阻力，使得拆卸变得容易与方便。

如图 3-7 所示，在轧钢厂机修车间按序列完成拆卸与更换一根托辊转轴，记录其维修步骤与时间可得更换与维修时间见表 3-4，拆卸由两名熟练的技工完成，所有维修工具都准备充分。

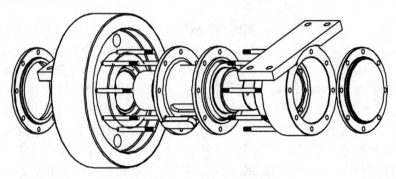

图 3-7　承载托辊的拆卸

表 3-4　托辊转轴更换与维修时间表

| 维修步骤 | 拆卸与组装的内容与项目 | 零件数量 | 维修时间/min |
|---|---|---|---|
| 步骤 1 | 拆卸轴承端盖连接螺栓和弹簧垫圈 | 32 | 5.32 |
| 步骤 2 | 拆卸轴承端盖及油封 | 4 | 2.54 |
| 步骤 3 | 拆卸轴承与轴承座 | 4 | 10.41 |
| 步骤 4 | 拆卸轴承透盖 | 2 | 1.21 |
| 步骤 5 | 拆卸托辊轮毂与键 | 2 | 5.82 |
| 步骤 6 | 更换新的托辊转轴 | 1 | 0.24 |
| 步骤 7 | 组装托辊轮毂与键 | 2 | 6.87 |
| 步骤 8 | 组装轴承透盖 | 2 | 0.59 |
| 步骤 9 | 组装轴承与轴承座 | 4 | 11.52 |
| 步骤 10 | 组装轴承端盖及油封 | 4 | 1.32 |
| 步骤 11 | 组装轴承端盖连接螺栓和弹簧垫圈 | 32 | 4.45 |

由表 3-4 可见，整体拆卸与重新组装一个托辊，即使在维修条件最充分的条件下，也需要约 50.29min，是整体更换托辊维修时间的 3.14～3.87 倍。整体更换后，旧托辊可送入机修车间，进行离线修理，不占用停机维修时间，从而提高了炉底机械的有效度。承载托辊上，如轴承盖连接螺栓松动、外侧油封损坏等故障，可采用在日常检查中在线维护的方法来解决，当需要更换内侧油封、轴承、托辊转轴、托辊轮毂和传动键等类型的故障发生时，应进行整体更换。

根据工程实践中积累的承载托辊维修记录[78]，将托辊日常维护可解决的故障和需要更换部件的故障进行求和统计，表达在图 3-8 中，由图中可见占绝大多数的故障可以通过加强日常维护来解决，出现严重损害时可用部件整体更换的维修方法解决问题。

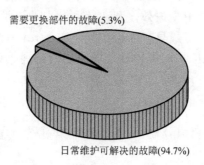

图 3-8　承载托辊的故障分类统计（彩色插图见附录 F）

### 3.2.2　托辊承载系统的可靠度预测

依据承载托辊维修记录，由于步进式炉底机械的供方质保期为一年，因此对所有承载托辊（包括板坯式和钢管式炉底机械的升降框架托辊和平移框架托辊）的故障记录周期为一年，超过一年未发生失效的承载托辊，对其重新编号算作新的观测部件，单独记录其失效发生情况。这样处理，一方面使得可靠性数据更偏于安全，另一方面也扩充了观测的承载托辊样本容量。用发生部件更换的累计失效承载托辊总数，除以观测承载托辊总数，可得单个承载托辊的可靠度数值为 0.912。

根据炉底机械设计的计算，考虑托辊对框架的支承不充分的情况，例如，对九轴线的板坯炉底机械而言，当升降与平移框架结构同侧相邻两个轴线上支撑托辊失效时，框架挠度超差，炉底机械不得继续使用，视为任务失效故障。以某公司大型板坯炉底机械的升降与平移框架托辊为例，炉底机械升降框架和平移框架的承载托辊分布可简化为图 3-9，为双排九轴线形式。举例来说，失效准则可表述为：若 A2 和 A3 同时失效，或者 B5 和 B6 同时失效，则炉底机械发生任务失效故障。

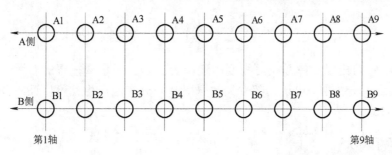

图 3-9　某公司大型板坯炉机的升降框架与平移框架托辊分布

也就是说同一轴线上相邻两个托辊失效则引起炉底机械任务失效。这样的工程系统一般称为"$n$ 部件连续 $K$ 失效"的冗余可靠性系统，若最后一个部件和第一个部件首尾相接，称为"环形系统"，若不相接则称为"线形系统"。这类系统的定义源于类似"一段公路相邻的 $k$ 个路灯损坏，则认为该路段照明系统的任务失效""一组通信卫星中近邻的 $k$ 个卫星失效，则通信中断"的原型并加以抽象，工程实践中大量存在这样的系统[81,82]，最早在 1980 年由 Robert.L 对该系统的模型提出定义，并在 1982 年由 Hwang F.K.提出部件独立同分布时的递推计算式(3-13)和式(3-14)，其中下角标 $s$ 和 $l$ 分别为系统中"头"和"尾"两部件的编号，而 $R_L$ 和 $R_C$ 分别是"线形系统"和"环形系统"的可靠度。

$$R_L[p(n),k] = \sum_{i=n-k+1}^{n} p(E_i) \cdot R_L[P(i-1),k] \tag{3-13}$$

$$R_C[p(n),k] = \sum_{s-1+n-l<k} \left( p_s \prod_{i=1}^{s-1} q_i \right) \cdot \left( p_l \prod_{j=l+1}^{n} q_j \right) R_C(P_{s+1},P_{s+2},P_{s+3},\cdots,P_{l-1}) \tag{3-14}$$

将板坯步进式炉底机械框架的托辊支承系统进行抽象，求解支承系统的可靠度计算公式。设机械框架单侧的托辊支承系统由 $n$ 个承载托辊以线形连接而成，系统失效当且仅当至少有 $k$ 个相邻的部件失效，并设部件与系统只有两种状态：工作或失效，且部件相互独立。

设 $p_i$——第 $i$ 个部件工作的概率；

$q_i$——第 $i$ 个部件失效的概率，$q_i = 1 - p_i$；

$p(n)$——向量 $(p_1, p_2, \cdots, p_n)$；

$R_L[p(n),k]$——给定 $p(n)$，托辊组的任务可靠度；

$E_i$——部件 $i$ 是最后一个工作部件的事件。

可知 $E_i$ $(i = n-k+1, \cdots, n)$ 是一些互斥事件，若系统正常，则事件至少有一个发生，那么系统的可靠度为

$$\begin{aligned} R_L[p(n),k] &= \sum_{i=n-k+1}^{n} p(E_i) \cdot R_L[p(i-1),k] \\ &= \sum_{i=n-k+1}^{n} p_i \left( \prod_{j=i+1}^{n} q_j \right) \cdot R_L[p(i-1),k] \end{aligned} \tag{3-15}$$

式(3-15)为托辊支撑系统可靠度的递推公式，由于承载托辊的布置、载荷与润滑方式都具有一致性，可认为部件失效概率是同分布的，由此可以证明并得到实用计算式(3-16)。

$$R_L[p(n),k] = \sum_{\lambda=0}^{n+1} \binom{n-\lambda k}{\lambda}(-1)^\lambda (pq^k)^\lambda - q^k \sum_{\lambda=0}^{n} \binom{n-\lambda \cdot k-k}{\lambda}(-1)^\lambda (pq^k)^\lambda \tag{3-16}$$

式中，$p$ ——部件工作的概率；

$q$ ——部件失效的概率，$q=1-p$；

$N(\mu,\nu,k-1)$ ——将 $\mu$ 个相同的部件分配进 $\nu$ 个不同的类中，且每个类中部件不超过 $k-1$ 的方式数；

$p(\nu,\lambda)$ ——从 $\nu$ 个部件中任意取出 $\lambda$ 个部件的排列。

**证明**：如果有 $j$ 个部件失效，则有 $n-j$ 个部件正常工作，这 $n-j$ 个部件间恰好有 $n-j+1$ 个位置，将 $j$ 个失效部件分配进 $n-j+1$ 个位置中且使系统正常工作，其方式数就是 $N(j,n-j+1,k-1)$，故

$$R_{\mathrm{L}}[p(n),k] = \sum_{j=0}^{n} N(j,n-j+1,k-1)p^{n-j}q^{j} \tag{3-17}$$

由组合数学可知 $N(i,j,k-1)$ 就是多项式 $(1+x+x^2+\cdots+x^{k-1})^j$ 中 $x^i$ 前的系数。

此外，

$$\begin{aligned}
(1+x+x^2+\cdots+x^{k-1})^j &= \frac{(1-x^k)^j}{(1-x)^j} \\
&= \sum_{\lambda=0}^{j}(-1)^{\lambda}\binom{j}{\lambda}x^{k\lambda}\sum_{\mu=0}^{\infty}\binom{j+\mu-1}{\mu}x^{\mu} \\
&= \sum_{\mu=0}^{\infty}\sum_{\lambda=0}^{j}(-1)^{\lambda}\binom{j}{\lambda}\binom{j+\mu-1}{\mu}x^{\mu+k\lambda} \\
&= \sum_{i=k\lambda}^{\infty}\sum_{\lambda=0}^{j}(-1)^{\lambda}\binom{j}{\lambda}\binom{j+i-k\lambda-1}{i-k\lambda}x^{i}
\end{aligned} \tag{3-18}$$

所以

$$N(i,j,k-1) = \sum_{\lambda=0}^{j}(-1)^{\lambda}\binom{j}{\lambda}\binom{j+i-k\lambda-1}{i-k\lambda} \tag{3-19}$$

从而

$$N(j,n-j+1,k-1) = \sum_{\lambda=0}^{n-j+1}(-1)^{\lambda}\binom{n-j+1}{\lambda}\binom{n-k\lambda}{j-k\lambda} \tag{3-20}$$

将式(3-20)代入式(3-17)得

$$\begin{aligned}
R_{\mathrm{L}}[p(n),k] &= \sum_{j=0}^{n}\sum_{\lambda=0}^{n-j+1}(-1)^{\lambda}\binom{n-j+1}{\lambda}\binom{n-k\lambda}{j-k\lambda}p^{n-j}q^{j} \\
&= \sum_{\lambda=0}^{n+1}\sum_{j=0}^{n-\lambda+1}(-1)^{\lambda}\binom{n-j+1}{\lambda}\binom{n-k\lambda}{j-k\lambda}p^{n-j}q^{j} \\
&= \sum_{\lambda=0}^{n+1}\frac{(-1)^{\lambda}}{\lambda!}\sum_{j=\lambda k}^{n-\lambda+1}\binom{n-k\lambda}{j-k\lambda}p(n-j+1,\lambda)p^{n-j}q^{j}
\end{aligned} \tag{3-21}$$

式中，$p(n-j+1,\lambda)$ 是从 $n-j+1$ 个部件中取出 $\lambda$ 个的排列数。在式(3-21)中，交换了两个和，并添加了零项 $\lambda=0, j=n+1$。通过下列表达式可计算式(3-21)中的内和：

$$t(pt+q)^{n-\lambda k} = \frac{1}{q^{\lambda k}} \sum_{j=\lambda k}^{n} \binom{n-k\lambda}{j-k\lambda} p^{n-j} q^j t^{n-j+1} \tag{3-22}$$

对式(3-22)两边同时取微分 $\lambda$ 次，再取 $t=1$ 可得

$$\sum_{j=\lambda k}^{n-\lambda+1} \binom{n-k\lambda}{j-k\lambda} = p^\lambda q^{\lambda k} p(n-\lambda k, \lambda) + \lambda p^{\lambda-1} q^{\lambda k} p(n-\lambda k, \lambda-1) \tag{3-23}$$

将式(3-23)代入式(3-21)并化简，则式(3-16)得到证明。应用式(3-16)，令 $n=9$ 和 $k=2$，并将单个承载托辊的可靠度数值代入，应用串联可靠性系统的乘法原理，将板坯步进式炉底机械的托辊系统转化为 4 组"线形系统"串联的结构，则可计算得到其托辊支撑系统的可靠度为 0.9897。若为炉底机械提供 4 个托辊备件，用式(3-17)，则 $k=3$，可计算得到可靠度为 0.9998。

在以往的工程实践中，要求用户配置 8 个托辊备件，则 $k=4$，可靠度为 0.9999，相对于 4 个备件而言，可靠度增量不明显，故在该公司的炉机工程中，改为配置 4 个备件，直接节省备件成本近 6 万元，同时也减少了备件所占库存空间和对备件储备维护与管理的工作量。

同样，可证明并得"环形系统"的实用计算式(3-24)，该式可满足三轴线的钢管步进式炉底机械的托辊支撑系统抽象后的模型，升降与平移框架托辊分布如图 3-10 所示，可用穷举法来表达其所有的最低限度失效模式，见表 3-5，用数字"0"表示工作正常，用数字"1"表示工作故障。

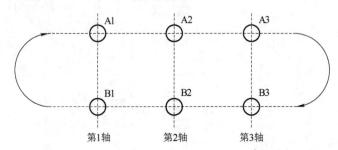

图 3-10 某公司钢管热处理中小型炉机的升降与平移框架托辊分布

表 3-5 托辊系统故障穷举表

| 故障序号 | A1 | A2 | A3 | B3 | B2 | B1 |
| --- | --- | --- | --- | --- | --- | --- |
| 1 | 0 | 0 | 1 | 1 | 1 | 1 |
| 2 | 1 | 0 | 0 | 1 | 1 | 1 |
| 3 | 1 | 1 | 0 | 0 | 1 | 1 |

续表

| 故障序号 | A1 | A2 | A3 | B3 | B2 | B1 |
|---|---|---|---|---|---|---|
| 4 | 1 | 1 | 1 | 0 | 0 | 1 |
| 5 | 1 | 1 | 1 | 1 | 0 | 0 |
| 6 | 0 | 1 | 1 | 1 | 1 | 0 |

$$R_C[p(n),k] = \sum_{\lambda=0}^{n} \binom{n-\lambda k}{\lambda}(-1)^\lambda (pq^k)^\lambda \\ -k\sum_{\lambda=0}^{n-1} \binom{n-\lambda k-k-1}{\lambda}(-1)^\lambda (pq^k)^{\lambda+1} - q^n \tag{3-24}$$

应用式(3-24)，令 $n=6$ 和 $k=2$，并将单个承载托辊的可靠度数值代入，应用串联可靠性系统的乘法原理，将钢管步进式炉底机械的托辊系统转化为 2 组"环形系统"串联的结构(分别为升降和平移框架)，则可计算得到其托辊支撑系统的可靠度为 0.9742，若为炉底机械提供 2 个托辊备件，应用式(3-24)，则 $k=3$，可计算得到可靠度为 0.9951。在以往的工程实践中，要求用户配置 4 个托辊备件，则 $k=4$，可靠度为 0.9986，相对于 2 个备件而言，可靠度增量同样也是不明显的，故在该公司的炉机工程实践中，改为配置 2 个备件，为用户节约了备件成本。

## 3.3 本章要点回顾

本章主要对炉机液压系统及承载托辊的可靠度进行了计算与预测。

在液压系统可靠度计算与预测中，先通过对液压泵实际工作寿命的记录，分析了两种液压泵可靠度，并证明其可靠度并不存在明显差异。用液压泵的统计数据对其服从韦布尔分布概率模型进行了参数估计，并预测了泵组的可靠度函数。用控制阀组的故障数据对其服从指数分布概率模型进行了参数估计，并确立了控制阀组可靠度函数，根据泵组和控制阀组的串联关系，对炉底机械液压系统的可靠度作出了预测。

对炉底机械的关键承载部件——支撑托辊进行了维修性设计，并改变了以往工程中不恰当的施工与维修方法，重新制定维修策略，加强日常维护，当托辊出现严重失效时进行整体更换，可大幅度节省维修占用的停机时间。

对托辊支撑系统建立了可靠性模型，根据以往工程中的维修数据，计算了托辊支撑系统的可靠度，确定了合理的托辊备件数量，节省了资金与库存管理所浪费的资源。该成果应用于后续的工程实践中，取得了一定的经济效益。

# 第4章 液压缸支座部件的结构可靠性试验研究

随着冶金工业对生产设备性能要求不断提高,步进式炉底机械的承载能力要求越来越大,同时还要求减轻自重以利于检修维护并提高炉底机械的效率以达到节能效果,并减少炉底机械装备制造中工程材料的消耗,降低制造成本。为此,在步进式炉底机械研发实践中,对组成炉底机械的各部分结构需要进行基于可靠性的结构优化设计、试验与可靠度分析。

本章结合炉底机械关键受力部件——升降与平移液压缸支座进行优化设计,用结构弹性有限元理论,根据优化结果来设计结构件工程图中的几何尺寸,建立部件结构的三维有限元模型,并进行有限元分析计算,以此确定部件结构最大应力的分布位置,用计算结果来指导可靠性试验中应变传感器的安装位置,运用液压加载的方法,对结构进行加载试验,测试应变数据。最后,对试验结果进行分析与处理,对比有限元分析计算的结果,得出部件结构的可靠性结论。

## 4.1 承载支座部件的结构试验理论与方法

### 4.1.1 部件结构的弹性有限元理论

在连续体力学中,三维固体通常用四面体元或六面体元来进行离散分析[83,84]。通常假定在这些单元之间满足位移但不满足导数的协调性。单元节点力与节点位移之间的关系可用下列矩阵方程表示:

$$\{P\}^{(e)} = [K]^{(e)} \{\delta\}^{(e)} \tag{4-1}$$

式中,$\{P\}^{(e)}$——单元节点力矩阵;

$[K]^{(e)}$——单元刚度矩阵,$[K]^{(e)} = [B]^T [D][B]$;

$\{\delta\}^{(e)}$——单元节点位移矩阵。

单元内各点位移与节点位移的关系为

$$\{\delta(x,y,z)\} = [N(x,y,z)]\{\delta\}^{(e)} \tag{4-2}$$

节点位移与应变关系为

$$\{\varepsilon\} = [B] \cdot \{\delta\}^{(e)} \tag{4-3}$$

式中,$[B]$——几何矩阵。线弹性状态下,应力与应变关系为

$$\{\sigma\} = [D] \cdot \{\varepsilon\} \tag{4-4}$$

式中，$[D]$——弹性矩阵。在三维固体力学弹性有限元中，应变与位移关系为

$$\varepsilon_{ij} = \frac{1}{2}\left(\frac{\partial \tilde{u}_i}{\partial x_j} + \frac{\partial \tilde{u}_j}{\partial x_i}\right), \quad i,j = x,y,z \tag{4-5}$$

对于液压缸支座部件，结构制造用 Q235 钢，属于各向同性材料：

$$[D] = \frac{E}{(1+\mu)e_2} \begin{bmatrix} e_1 & \mu & \mu & 0 & 0 & 0 \\ \mu & e_1 & \mu & 0 & 0 & 0 \\ \mu & \mu & e_1 & 0 & 0 & 0 \\ 0 & 0 & 0 & e_3 & 0 & 0 \\ 0 & 0 & 0 & 0 & e_3 & 0 \\ 0 & 0 & 0 & 0 & 0 & e_3 \end{bmatrix} \tag{4-6}$$

式中，$e_1 = 1-\mu$；$e_2 = 1-2\mu$；$e_3 = e_2/2$。

$$\{\delta\}^{(e)} = \begin{Bmatrix} \{U\} \\ \{V\} \\ \{W\} \end{Bmatrix} = \begin{bmatrix} [A] & & \\ & [A] & \\ & & [A] \end{bmatrix} \{C\} \tag{4-7}$$

式中，$[A] = \begin{bmatrix} 1 & 0 & 0 & 0 \\ 1 & x_i & 0 & 0 \\ 1 & x_m & y_m & 0 \\ 1 & x_l & y_l & z_l \end{bmatrix}$。

以某公司大型板坯步进式炉底机械的平移液压缸支座受力结构为例，进行结构优化设计。该液压缸支座部件所处位置，安装与检修空间十分紧凑，用美国 PTC 公司的 Pro/E Wildfire 计算机辅助设计软件建立受力结构的实体模型，见图 4-1，液压缸上、下支座相对过去已经实施的某步进式炉底机械工程的设计减重分别为 12%和 16%，需要对其可靠性重新验证。

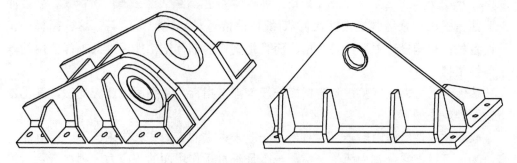

图 4-1　平移液压缸支座的实体模型

将平移液压缸支座的实体模型导入 ANSYS 有限元计算与分析软件中进行有限元分析。选取有限元分析单元 SOLID95，随着实体模型形状的不同，它可自动退化

为带有中节点的四面体或五面体单元。建模后上、下支座网格单元模型如图 4-2 所示。为便于说明,将应力分析的计算结果与试验结果并列,放在本章后面叙述。

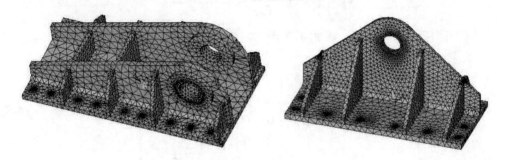

图 4-2　网格划分的有限元模型(彩色插图见附录 F)

### 4.1.2　部件结构的应变测试方法

测试是解决部件结构可靠性设计问题的重要手段。例如,为了解决结构设计中的强度、刚度和稳定性问题,就必须了解材料的力学性能,而材料的力学性质只有通过试验才能准确测定;在研究新材料和热处理新工艺时,也需要测定其力学性质以检验它们的质量指标和工艺要求。尤其是对于一些材料性质尚未弄清,甚至是边界条件尚不明确的情况。此时,理论分析和数值计算已无法进行,但可以通过试验来测出其应力和变形数据,从而解决这些问题。可以说测试试验是可用来解决许多工程实际问题的基本方法。

对于复杂部件的设计,理论分析往往无法得出可靠的结论,这时测试与可靠性试验方法常是解决这些问题最有效的途径。可以进行测试试验的部件结构力学特性包括强度、刚度、弹性、塑性、冲击韧性、疲劳和断裂韧性等。其相应的指标有强度指标 $\sigma_S$、$\sigma_{0.2}$、$\sigma_b$、$\tau_S$、$\tau_{0.3}$、$\tau_b$;弹性常数 $E$、$\mu$、$G$;塑性指标 $\delta$、$\psi$;冲击韧性指标 $a_k$;疲劳强度指标 $\sigma_{-1}$;断裂韧性指标 $K_{IC}$、$\delta_c$、$J_{IC}$ 等。这些指标不仅是设备部件结构设计中的重要数据,而且是制造的部件结构能否进入工程应用的基本考核依据。

部件结构可靠性试验,测定指标一般为强度指标,常采用电测应变法,其基本测试原理叙述如下。

取测试部件结构内的一点为对象,一般来说它的应力和其作用面不一定互相垂直,为此可以把它分解为两个分量,一个是垂直于作用面的正应力,用 $\sigma$ 表示,另一个是平行于作用面的应力,称为剪应力 $\tau$。若过此点某一平面上只有正应力而无剪应力($\tau=0$),则此面上的正应力称为此点的主应力,此平面就称为主平面。在弹性体内取一小单元,如图 4-3 所示。

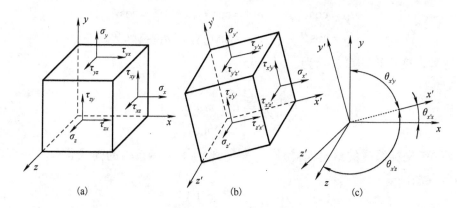

图 4-3 测点的应力分量

对垂直于 $x$ 轴的平面而言,作用在此面上的正应力用 $\sigma_x$ 表示,下标 $x$ 表示这个正应力作用在垂直 $x$ 轴的面上,指向 $x$ 方向。$\sigma_x$ 如果是正值表示应力实际指向 $x$ 轴正方向,如果是负值表示应力实际指向 $x$ 轴负方向。面上剪应力可以分解为平行面上坐标轴的两个分量,下标第一个字母表示作用面的法线方向,第二个字母表示应力分量的指向。例如,$\tau_{xy}$ 表示作用在垂直 $x$ 轴的面内,指向 $y$ 方向。

如果知道该点在三个相互正交平面的应力状态,就足以知道在这一点的任何平面的应力状态。可以通过坐标变换进行解析。对于如图 4-3(a)所示的单元,在表面上 $x$、$y$、$z$ 方向的应力已知,且可表示为如下应力矩阵:

$$[\sigma]_{xyz} = \begin{bmatrix} \sigma_x & \tau_{xy} & \tau_{xz} \\ \tau_{yx} & \sigma_y & \tau_{yz} \\ \tau_{zx} & \tau_{yz} & \sigma_z \end{bmatrix} \tag{4-8}$$

如图 4-3(b)所示的应力单元,定义在 $x'$、$y'$、$z'$ 方向的同一点的应力状态。相应地,这个应力状态的应力矩阵由下式给出

$$[\sigma]_{x'y'z'} = \begin{bmatrix} \sigma_{x'} & \tau_{x'y'} & \tau_{x'z'} \\ \tau_{y'x'} & \sigma_{y'} & \tau_{y'z'} \\ \tau_{z'x'} & \tau_{y'z'} & \sigma_{z'} \end{bmatrix} \tag{4-9}$$

为通过坐标变换确定 $[\sigma]_{x'y'z'}$,需在 $x'y'z'$ 和 $xyz$ 坐标系之间建立关系。通常用方向余弦进行表示。首先,考虑 $x'$ 轴和 $xyz$ 坐标系之间的关系。如图 4-3(c)所示,$x'$ 轴的方位可用角度 $\theta_{x'x}$、$\theta_{x'y}$、$\theta_{x'z}$ 表示。$x'$ 轴的方向余弦由下式给出

$$l_{x'} = \cos\theta_{x'x}, \quad m_{x'} = \cos\theta_{x'y}, \quad n_{x'} = \cos\theta_{x'z} \tag{4-10}$$

依此类推,$y'$ 轴、$z'$ 轴可分别用相应方向角 $\theta_{y'x}$、$\theta_{y'y}$、$\theta_{y'z}$ 和 $\theta_{z'x}$、$\theta_{z'y}$、$\theta_{z'z}$ 确定,对应的方向余弦为

$$\begin{cases} l_{y'} = \cos\theta_{y'x}, & m_{y'} = \cos\theta_{y'y}, & n_{y'} = \cos\theta_{y'z} \\ l_{z'} = \cos\theta_{z'x}, & m_{z'} = \cos\theta_{z'y}, & n_{z'} = \cos\theta_{z'z} \end{cases} \tag{4-11}$$

这样,变换矩阵可表示为

$$[T]_{x'y'z'} = \begin{bmatrix} l_{x'} & m_{x'} & n_{x'} \\ l_{y'} & m_{y'} & n_{y'} \\ l_{z'} & m_{z'} & n_{z'} \end{bmatrix} \tag{4-12}$$

将 $xyz$ 坐标系内的给定向量 $\{V\}_{xyz}$ 变换到 $x'y'z'$ 坐标系内的向量 $\{V\}_{x'y'z'}$,可以使用矩阵乘法。

$$\{V\}_{x'y'z'} = [T] \cdot \{V\}_{xyz} \tag{4-13}$$

对于应力矩阵的变换方程可由下式给出[85]

$$[\sigma]_{x'y'z'} = [T] \cdot [\sigma]_{xyz} \cdot [T]^T \tag{4-14}$$

式中,$[T]^T$ 是变换矩阵 $[T]$ 的转置矩阵,只需将行和列进行互换,也就是式(4-15)。

$$[T]_{x'y'z'}^T = \begin{bmatrix} l_{x'} & l_{y'} & l_{z'} \\ m_{x'} & m_{y'} & m_{z'} \\ n_{x'} & n_{y'} & n_{z'} \end{bmatrix} \tag{4-15}$$

根据剪应力互等定理,得到 $\tau_{xy} = \tau_{yx}$,$\tau_{xz} = \tau_{zx}$,$\tau_{yz} = \tau_{zy}$。因此过此点只有六个独立的应力分量,即 $\sigma_x$、$\sigma_y$、$\sigma_z$、$\tau_{xy}$、$\tau_{xz}$、$\tau_{yz}$。实验证明,在弹性范围内,应力和应变成比例(胡克定律)[86],即 $\sigma = E\varepsilon_x$,其中 $E$ 称为材料的弹性模量[87],对于一般钢材,$E$ 约等于 $2.10 \times 10^{11}$ Pa。

如果单独作用它使 $x$ 方向伸长,同时使 $y$ 方向和 $z$ 方向收缩。侧向收缩和纵向伸长之比对每一种材料来说是一个常数[88,89],称为泊松比,用 $\mu$ 表示,则有

$$\frac{\varepsilon_x}{-\varepsilon_y} = \frac{\varepsilon_x}{-\varepsilon_z} = \mu \tag{4-16}$$

由于

$$\varepsilon_x = \frac{1}{E}\sigma_x \tag{4-17}$$

故

$$\begin{cases} \varepsilon_y = -\mu \dfrac{\sigma_x}{E} \\ \varepsilon_z = -\mu \dfrac{\sigma_x}{E} \end{cases} \tag{4-18}$$

如果结构单元同时受到三个方向的正应力 $\sigma_x$、$\sigma_y$、$\sigma_z$ 作用,合应变可用各应力分量单独作用产生的应变线性相加,满足叠加原理。因此有

$$\begin{cases} \varepsilon_x = \dfrac{1}{E}[\sigma_x - \mu(\sigma_y + \sigma_z)] \\ \varepsilon_y = \dfrac{1}{E}[\sigma_y - \mu(\sigma_z + \sigma_x)] \\ \varepsilon_z = \dfrac{1}{E}[\sigma_z - \mu(\sigma_x + \sigma_y)] \end{cases} \quad (4\text{-}19)$$

式(4-19)称为广义胡克定律。通过对液压缸支座部件进行模拟实际工作情况的加载试验，并依据所得到的应变值代入广义胡克定律计算公式中，可反解求出各测试点的应力数值，最后计算出等效应力与 ANSYS 有限元计算应力值进行对比，就可证实设计是否可靠。

## 4.2 承载支座部件的试验系统

部件结构可靠性试验系统组成可用图 4-4 进行说明，首先是液压加载装置，它直接作用于部件结构上，应变传感器安装在部件结构上，当感受到载荷以后，传感器将应变信息转换成电信号传输，经应变仪、DASP 数据采集系统，最后在计算机中生成数据记录，下面分项对它们进行说明。

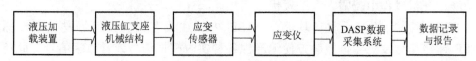

图 4-4　测试系统组成的框图

### 4.2.1　数据采集软件的功能与特点

试验的数据采集软件系统使用的是东方振动和噪声技术研究所的产品 Coinv DASP Professional。数据采集系统 DASP 具有很多其他软件与系统所不能比拟的优点，其中软件方面 DASP 的基本特点如下[90,91]。

(1) 具有的新技术含量较高。DASP 含有 80 多项东方振动和噪声技术研究所独创的国内外领先的先进实用技术，如变时基低频结构传函、软件频率计技术、阻尼计技术、采样过程中的"三思维"技术。

(2) 全面的信号处理和分析功能。DASP 提供了非常全面的信号处理和分析手段，包括幅域、时域、频域和其他方面的多种方法。幅域分析方面有指标统计、峰值计数、变程计数、雨流法计数、概率密度和概率分布等，这些方法可以从不同角度给出信号幅值变化的特性。时域分析方面则包含单踪和多踪时域分析、里萨如分析和相关分析等。频域分析方面包含自谱分析、互谱分析、传递函数、长数据快速傅里叶变换（FFT）、最大熵谱、三维谱阵、倒频谱等，此外还包括小波分析、包络分析、冲击响应谱和综合分析等多种选件方法。

(3)内嵌应用模块软件。DASP 提供了几个较大型的软件包,包括模态分析(含应变模态和时域模态)、响应计算、结构动力修改(含灵敏度分析、动力修改正问题和反问题)、转子动平衡、旋转机械分析、故障诊断、声学分析、信号发生器和桩基检测与地基测试等。

(4)模态分析技术领先。DASP 的模态分析软件操作简单、生成结构方便、模态动画达到国外先进模态分析软件的水平。其采用的多种模态拟合方法基本包括当前常用的成熟的拟合方法:复模态单自由度、复模态多自由度、复模态 GLOBAL、实模态单自由度、实模态多自由度、实模态导纳法等[92-94]。该模态分析软件不仅包括通常使用的位移模态分析,还包括应变模态分析技术。

(5)科学的文件管理和友好的用户界面。DASP 设计了一个比较完善和科学的文件管理系统,对于每一次不同的试验,一经参数设置后,系统即可自行进行文件管理,无需人为干预。在大容量数据波形显示时,同国内外绝大部分软件相比 DASP 可以实现大容量的数据按不同速度连续平稳的滚动浏览,并且没有丝毫闪烁的情况,图形的颜色可以由使用者自由搭配,以满足不同人员的爱好、视力要求和不同的显示效果。如果在不同测点和不同工况下多次进行数据采集,得到了几百甚至几万组的数据,但对这些数据的分析过程却是相同或类似的,这时 DASP 采用各种自动分析功能,分析过程中无需人为干预优点明显。

(6)易学易用的演示教学功能。DASP 内部加载有强大的信号发生器,称为 DASP 超级信号发生器,能够方便地产生各种实时模拟信号或者数字信号。此仿真信号发生器以软件代替硬件[95-97],在使用时,省去了发生器的连接调试,尤其在外出时,更省去了携带一个信号发生器的麻烦。只需在主界面上选择演示模式就可以方便地使用它。这极大地方便了教学与科研工作。

在硬件方面 DASP 的采集硬件系统非常简单。安装和运行所购买的 DASP 时,需要把和软件配套的硬件加密锁插在计算机的并口或者通用串行总体(USB)口上。INV306 型盒式采集仪是与 DASP 配套使用的一套硬件,它前面板上有 16(或 32)个 Q9 插座,可同时对输入的 16(或 32)路信号进行采集;后面板上有一个保险丝座和四个插座:一个交流电源插座,一个 12 V 的直流电源插口,一个是用打印机和计算机连接的并行口,另外还有一个并行口,可直接连打印机。硬件系统采集仪和放大滤波器前后面板上都有文字注明插座的功用,操作起来非常简单。

### 4.2.2 电阻应变传感器与应变仪

#### 1. 电阻应变传感器

电阻应变传感器(简称应变片)的结构形式有很多种[98]。它们是随制造材料、工作特性、应用场合和工作条件等的不同而不同,它们的结构形式虽有不同,但基本构造则是大致相同的,主要由敏感栅、基底、引线、黏结剂和表面覆盖层等五部分组成。

(1) 敏感栅是应变片中把应变量转换成电阻变化量的关键部分。一般用直径为 0.003～0.01mm 的合金丝绕成栅状(丝绕式应变片)或用厚度为 3～5mm 的合金箔片经光刻腐蚀加工制成栅状(箔式应变片),其规格用栅长 $L$ 和栅宽 $B$ 来表示。各类应变片的栅长一般为 0.2～100mm,电阻值通常为 60～350Ω。

(2) 引线是用来引出敏感栅的输出电信号,而比敏感栅尺寸大的金属导线。为了减小引线带来的误差,通常采用低电阻率和电阻温度系数较小的材料制成,其形状有细丝和扁带两种。

(3) 基底的作用是保持敏感栅的几何形状和相对位置,并保证敏感栅和被测试件之间良好的绝缘;表面覆盖层是用来保护敏感栅的。它们的材料通常是纸、有机树脂膜、黏结剂胶膜和浸胶玻璃纤维布等。

(4) 黏结剂是将敏感栅固结在表面覆盖层和基底之间的黏结材料,也用作构件上粘贴应变片。对它的主要要求是黏结强度高、绝缘性能好、工作稳定、可根据实验条件和测量要求来选用各种不同的品牌。

(5) 表面覆盖层是传感器的保护层,起到与外界的电气绝缘作用。

应变片灵敏度系数是指安装在被测试件上的应变片,在其轴向受到单向应力时引起电阻相对变化($\Delta R/R$),与此单向应力引起的构件表面轴向应变($\varepsilon$)之比,即

$$K = (\Delta R/R)/\varepsilon \tag{4-20}$$

它是反映应变片将应变转换成电阻变化的敏感程度的。其大小主要取决于敏感栅材料、形式、几何尺寸和应变片的制造工艺、安装工艺、使用条件等,只能采用抽样检验的方法在专用的标定装置上调定。市售的应变片,厂家在出厂包装上注明了平均名义值和标准误差。金属应变片的 $K = 2.0～4.0$,标准误差 ±(1%～3%)。

试验中在液压缸支座上共分布 4 个测点,上下支座各两点,分别基于前进和后退工况的最大应力位置贴片。也就是说测点上应变传感器分布为根据仿真计算的应力最大值或者距其最近便于测量的测点。

**2. 电阻应变仪**

电阻应变仪根据测量应变的不同频率分为静态电阻应变仪、静动态电阻应变仪、动态电阻应变仪三类。试验所应用的为 YD-28 动态应变仪,可测量 0～1500Hz 的高频动态应变。试验中测量使用它来进行静态电阻应变测试,测量频率范围为 0～200Hz 的低频应变。

每一测点对应三路信号(测量为主应力方向未知的应变花测量),共 12 路信号,一台 YD-28 型应变仪只能输入 6 路信号,因此采用 2 台这一型号的应变仪。应变仪的测量电路结构如图 4-5 所示。

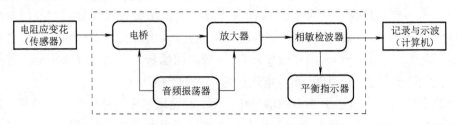

图 4-5  应变仪电路结构的框图

### 4.2.3  试验对象安装与加载系统

如图 4-6 所示,依次序将平移液压缸的上、下支座与试验工装安装在试验平台上,用螺栓连接进行把紧。在液压缸耳环部位的关节轴承中,穿入销轴,安装销轴盖板和紧固螺钉。

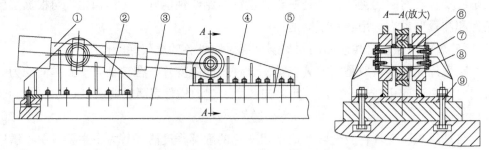

1.平移液压缸;2.液压缸下支座;3.试验平台;4.液压缸上支座;5.试验工装;
6.销轴;7.紧固螺钉;8.销轴盖板;9.连接螺栓

图 4-6  试验装置示意图

液压加载系统的原理如图 4-7 所示。加载执行元件是平移液压缸,油压由手动油泵来加载,通过压力表来设定液压缸加载数值,注意控制液压缸两工作腔的加载顺序,加载无杆腔时先打开高压球阀 7.2 与压力表开关 2.1,并关闭高压球阀 7.1,然后将手动换向阀推至左位工作,观察压力表 1.1 指针读数,当液压缸达到设定压力数值并稳定后,将手动换向阀 6 恢复中位,并开始采集试验数据。卸载时先打开高压球阀 7.2,观察压力表 1.1 读数情况,当压力表指针回归零点后,关闭压力表开关 2.1。卸载以后即可重新加载,对液压缸有杆腔的加载、卸载步骤与之相同,只是所操作的球阀、压力表开关以及手动换向阀的控制位置与无杆腔加载相对称。

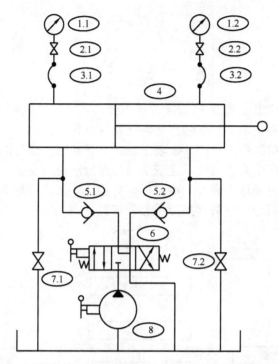

1.压力表；2.压力表开关；3.测压软管；4.平移液压缸；5.单向阀；6.手动换向阀；7.高压球阀；8.手动油泵

图 4-7 液压加载系统的原理

## 4.3 可靠性试验过程与数据处理分析

### 4.3.1 液压加载过程

对平移液压缸与支座部件结构施加载荷，所施加的载荷分别为 0.5 倍、0.8 倍、1 倍和 1.5 倍的极限工作载荷。同样，对每种倍率的载荷都可以计算出一组有限元分析的结果。

在加载试验中，不考虑液压缸负载效率的情况下，液压缸两腔加载压力数值可依据式(4-21)计算，施加载荷列于表 4-1 中。

表 4-1 试验加载项目 (单位：kN)

| 前进工况试验序号 | $F_1$ | $F_2$ | 后退工况试验序号 | $F_1$ | $F_2$ |
| --- | --- | --- | --- | --- | --- |
| 1 | 377.187 | 0 | 5 | 0 | 29.572 |
| 2 | 603.499 | 0 | 6 | 0 | 47.314 |
| 3 | 754.374 | 0 | 7 | 0 | 59.143 |
| 4 | 1131.562 | 0 | 8 | 0 | 88.715 |

$$\begin{cases} F_1 = \pi \left(\dfrac{D}{2}\right)^2 \cdot P_1 \\ F_2 = \pi \left[\left(\dfrac{D}{2}\right)^2 - \left(\dfrac{d}{2}\right)^2\right] \cdot P_2 \end{cases} \qquad (4\text{-}21)$$

式中，$F_1$ 和 $P_1$ 分别为液压缸无杆腔压力和压强；$F_2$ 和 $P_2$ 分别为液压缸有杆腔压力和压强；$D$ 和 $d$ 分别为液压缸活塞直径和活塞杆直径。

可靠性试验加载流程可用图 4-8 表示。试验开始后，通过液压加载装置对结构进行加载，并使其产生弹性应变，应变信号传递给动态应变仪，并进入数据采集系统，判断加载是否已经达到表 4-1 中目标值并稳定，条件满足则生成加载的单项数据报告，未能达标或稳定则需调整液压加载装置，完成所有加载项目后才能结束。

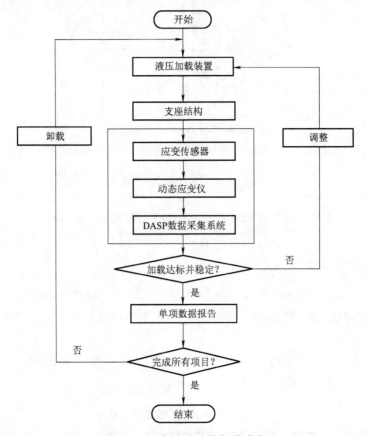

图 4-8 可靠性试验的加载流程

### 4.3.2 数据采集过程

试验系统采用 DASP2006 的应变花分析模块，直接通过菜单"信号分析→应变分析"即可进入此模块。主要用 DASP 多踪时域分析自动调用微软 Office 办公软件的功能,在这个环境下能够实现的具体操作如下。

(1) 波形滚动。在图形显示区的上边界处有一个滚动条和若干方向按钮,可以借助其完成波形的翻页、移动和滚动。对于每页点数控制,默认时数据每 1024 点作为一页绘制,也可以改变每页的点数,通过"每页点数"中的滑动条就可以改变为 512 点、256 点、128 点或者 64 点。

(2) 数据压缩。通过"压缩倍数"滑动条可以设定数据的压缩倍数。滑动条下方的选择框"峰值保持"可以设定压缩过程中是否保持峰值。

(3) 重叠显示。单击"重叠显示"按钮,可以将所有波形放在同一个坐标轴上重叠在一起显示。重叠显示的多个波形位于同一个坐标系上,可以进行相互对比。

(4) 波形合成。单击"波形合成"按钮,弹出"输入合成系数"对话框,可以将分析中各测点信号分别乘以一个系数之后进行相加,得到一个新的信号波形。

(5) 图形纵向方缩。可以对波形纵向进行不同程度的方缩。

(6) 相位差计算。可以使用 FFT 常规方法或者精确频率计方法计算各通道间的相位差。

通过液压加载,模拟实际工况,按不同试验项目名称进行加载,从压力表上读数到要求载荷并达到稳定值以后开始数据采集。数据采集开始后,从计算机屏幕上可以得到应变幅值波形图,图 4-9 为试验的多踪时域示波图。时域示波图形反映的

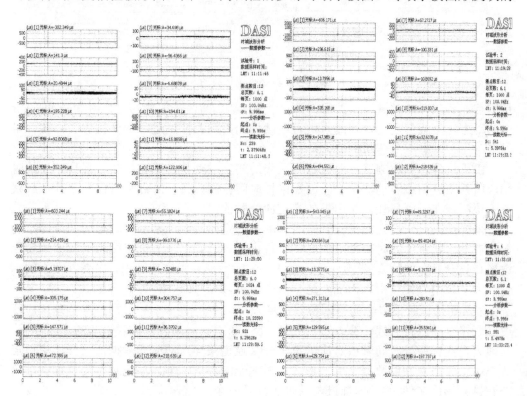

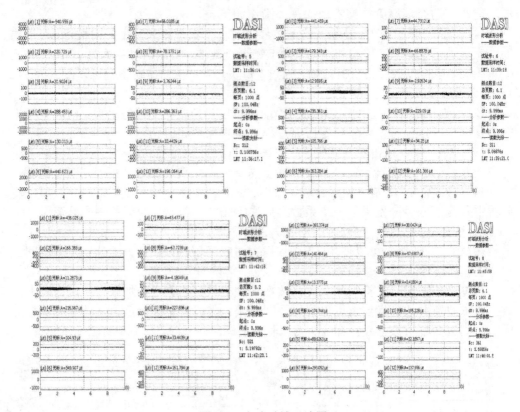

图 4-9 多踪时域示波图

是测点在各工况的时域应变波形,即 4 个测点 12 路信号在总的采样时间长度 10.2s 内的动态应变幅值变化,若测点数目继续增加则需要按键进行翻屏操作,由软件可以自动生成动态应变信息的 Excel 报表。

由于是静态加载测试,而且数据采集的初始时刻是加载完成时波形稳定后的时刻,所以应变曲线波动非常平缓,在采样时间范围内每一时点都可以反映此加载状态下该测点在该项目载荷作用下的真实应变数值。

采样结束后,把光标滑移到时间轴的某固定位置,在多踪时域分析幅值图谱的窗口右端,显示所处时间轴上的时间位置以及该时刻每一测试点微应变幅值的实际读数(对于钢这种材料,弹性模量比较大,在弹性形变限度范围内,应变是很小的单位,为了应用方便,引入微应变这样一个单位,即 $1\mu\varepsilon = 10^{-6}\varepsilon$)。

表 4-2 为试验采集时的基本参数信息。表 4-3 是把图 4-9 的采样结果整理成应变数据表格以便进行后续计算与数据处理。表 4-3 中第一列表示加载试验的项目序号,其他列是光标所处时间轴所对应的第 1~12 通道采样点的应变数据。采样结束后形成 Excel 表格,并以数据文件的形式对时域示波图进行整理与记录,根据加载项目的数目共形成文件为 8 个(前进与后退工况各 4 个)。

表 4-2  试验的基本参数信息

| 测试日期 | 2006-10-09 | 采样频率 | 100.040 Hz |
|---|---|---|---|
| 测点通道号 | 1~12 | 时间区段 | 0~12(s) |
| 数据点数 | 6K 点（1K=1024） | 长度 | 6.140(s) |

表 4-3  试验的应变数据  （单位：$\mu\varepsilon$）

| 加载项目序号 | 通道 1 | 通道 2 | 通道 3 | 通道 4 | 通道 5 | 通道 6 |
|---|---|---|---|---|---|---|
| 1 | -302.249 | 141.3 | 20.4844 | 195.228 | 92.8068 | 302.249 |
| 2 | -606.171 | 236.615 | 13.7956 | 328.168 | 147.989 | 494.551 |
| 3 | -603.244 | 214.459 | 9.19707 | 305.175 | 147.571 | 472.395 |
| 4 | -543.045 | 200.663 | 13.3775 | 271.313 | 129.595 | 429.754 |
| 5 | -540.955 | 220.729 | 20.9024 | 288.453 | 130.013 | 440.623 |
| 6 | -441.459 | 179.343 | 12.9595 | 235.361 | 105.766 | 363.284 |
| 7 | -436.025 | 166.363 | 11.2873 | 216.967 | 104.93 | 349.907 |
| 8 | -365.374 | 140.464 | 13.3775 | 174.744 | 88.6263 | 293.052 |
| 加载项目序号 | 通道 7 | 通道 8 | 通道 9 | 通道 10 | 通道 11 | 通道 12 |
| 1 | 34.698 | -56.4366 | -6.68878 | 194.81 | 15.8858 | 122.906 |
| 2 | 57.2727 | -100.331 | -10.8692 | 319.807 | 32.6078 | 217.639 |
| 3 | 55.1824 | -99.0776 | -7.52488 | 304.757 | 36.3702 | 218.639 |
| 4 | 49.3297 | -89.4624 | -9.19707 | 280.51 | 35.5341 | 197.737 |
| 5 | 56.0185 | -78.1751 | -3.76244 | 286.363 | 33.4439 | 196.064 |
| 6 | 44.7312 | -66.8878 | -2.92634 | 229.09 | 34.28 | 161.366 |
| 7 | 43.477 | -67.7239 | -4.18049 | 227.836 | 33.4439 | 161.784 |
| 8 | 38.0424 | -57.6907 | -0.41804 | 195.228 | 32.1897 | 137.956 |

## 4.3.3 试验数据的处理

通过试验加载与采样得到原始数据，首先需要对静态应变测量的误差进行修正，随机误差中有些误差相对很小，可以略去。用应变片和应变仪共同测出应变值，设 $\varepsilon_1$ 为应变仪指示的应变值；$S_1$ 为应变仪灵敏度；$\varepsilon$ 为应变片产生的应变值；$S_0$ 为应变片灵敏度，则有

$$\varepsilon = (\varepsilon_1 S_1)/S_0 \tag{4-22}$$

当 $S_1 = S_0$ 时，$\varepsilon = \varepsilon_1$，但实际上 $S_0$、$S_1$ 都有误差，因此，分析应变的总误差时，可以看成由右边三个参量($S_0$、$S_1$、$\varepsilon_1$)直接测量值的误差的综合。随机误差的传递公式如下。

(1) 设 $y = f(x_1, x_2, x_3, \cdots, x_n)$，如果随机变量 $x_1, x_2, x_3, \cdots, x_n$ 的标准误差分别为 $S_1, S_2, S_3, \cdots, S_n$，则 $y$ 的标准误差 $S_y$ 为

$$S_y = \sqrt{\left(\frac{\partial f}{\partial x_1}\right)s_1^2 + \left(\frac{\partial f}{\partial x_2}\right)s_2^2 + \cdots + \left(\frac{\partial f}{\partial x_n}\right)s_n^2} \tag{4-23}$$

(2) 对于 $y = x_1, x_2, x_3, \cdots, x_n$ 的情况，设 $S_y/y = e_y$，$S_1/x_1 = e_1$，$S_2/x_2 = e_2$，…，$S_n/x_n = e_n$，则可以推导出

$$e_y = \sqrt{e_1^2 + e_2^2 + e_3^2 + \cdots + e_n^2} \tag{4-24}$$

静态应变测量时的相对误差为 2%~3%。若换算成应力，由于引入材料弹性模量和泊松比的误差，总应力误差增大到 3%~5%。

应变仪读数的修正计算公式及方法如下。

(1) 导线电阻的修正计算。公式为 $\varepsilon = \varepsilon_0(1+r/R)$，式中的 $R$ 是电阻片的电阻，$r$ 是接线柱 A、B 之间所有连接导线的总电阻。在使用多股绞合导线的长度为 20~30m 时可以不必考虑修正计算，因为这时导线电阻只有 1~2Ω。若导线很长或很细，则应用电桥测出其电阻值后代入公式进行修正计算。试验中不需此项修正，所有屏蔽导线长度都在 20m 以内。

(2) 电阻片电阻值不同时的修正计算。这项修正计算要根据具体仪器决定[99]。由于各种应变仪器线路的不同而有所区别，凡要求的都给出了修正曲线或公式。试验中不需要此项修正。

(3) 电阻片灵敏系数不同时的修正计算。分为两种情况，一种是电阻片的 $K$ 超出了应变仪的 $\bar{K}$ 的范围，这时可将 $\bar{K}$ 调至任一数值，对读出的应变作如下修正计算：

$$\varepsilon = (\bar{K}/K)\bar{\varepsilon} \tag{4-25}$$

还有一种情况是使用预调平衡箱进行测量时，所使用的各个电阻片的 $K$ 不同，这时可调节至 $\bar{K} = 2$，然后对各点的读数逐个进行修正计算：

$$\varepsilon_i = 2\bar{\varepsilon}_i/K_i \tag{4-26}$$

试验中采用的修正公式为式(4-25)，对表 4-2 中数据进行修正处理。

利用应变花测量的是试验结构表面的平面应力状态，其应变是沿 $x$ 轴、$y$ 轴正应变和剪切应变三个分量按照叠加原理合成的(图 4-10)。试验通过测得测点的三个方向的应变值大小，代入广义胡克定律公式中，解出两个主应力大小($\sigma_1$、$\sigma_2$)以及其与贴片方向的夹角($\theta$)三个未知量，如图 4-11(a)所示。

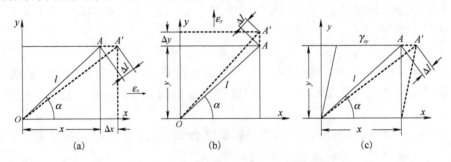

图 4-10 平面应力状态的应变分量

通常使用的两种常用应变花贴片方式如图 4-11(b)和(c)所示，第一种为 45°角方式(也称直角型)，第二种为 60°角方式(也称等角型)。

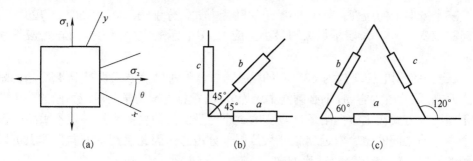

图 4-11 平面应力状态与应变花两种常见形式

两种贴片方式同样使用三个应变片，但是计算方法不同。对于 45°角应变花，应变与应力计算公式如下：

$$\begin{cases} \varepsilon_1 = \dfrac{(\varepsilon_a+\varepsilon_c)}{2} + \sqrt{(\varepsilon_a-\varepsilon_b)^2+[2\varepsilon_b-(\varepsilon_a+\varepsilon_c)]^2} \\ \varepsilon_2 = \dfrac{(\varepsilon_a+\varepsilon_c)}{2} + \sqrt{(\varepsilon_a-\varepsilon_b)^2+[2\varepsilon_b-(\varepsilon_a+\varepsilon_c)]^2} \end{cases} \quad (4\text{-}27)$$

$$\begin{cases} \sigma_1 = \dfrac{E}{2(1-\mu)}(\varepsilon_a+\varepsilon_c) + \dfrac{E}{\sqrt{2}(1+\mu)}\sqrt{(\varepsilon_a-\varepsilon_b)^2+(\varepsilon_b-\varepsilon_c)^2} \\ \sigma_2 = \dfrac{E}{2(1-\mu)}(\varepsilon_a+\varepsilon_c) - \dfrac{E}{\sqrt{2}(1+\mu)}\sqrt{(\varepsilon_a-\varepsilon_b)^2+(\varepsilon_b-\varepsilon_c)^2} \\ \tan 2\theta = \dfrac{2\varepsilon_b-\varepsilon_a-\varepsilon_c}{\varepsilon_a-\varepsilon_c} \end{cases} \quad (4\text{-}28)$$

对于 60°角应变花，应变与应力计算公式如下：

$$\begin{cases} \varepsilon_1 = \dfrac{(\varepsilon_a+\varepsilon_b+\varepsilon_c)}{3} + \sqrt{\left(\varepsilon_a-\dfrac{\varepsilon_a+\varepsilon_b+\varepsilon_c}{3}\right)^2+\left(\dfrac{\varepsilon_b-\varepsilon_c}{\sqrt{3}}\right)^2} \\ \varepsilon_2 = \dfrac{(\varepsilon_a+\varepsilon_b+\varepsilon_c)}{3} - \sqrt{\left(\varepsilon_a-\dfrac{\varepsilon_a+\varepsilon_b+\varepsilon_c}{3}\right)^2+\left(\dfrac{\varepsilon_b-\varepsilon_c}{\sqrt{3}}\right)^2} \end{cases} \quad (4\text{-}29)$$

$$\begin{cases} \tan 2\theta = \dfrac{-\sqrt{3}(\varepsilon_c-\varepsilon_b)}{2\varepsilon_b-\varepsilon_a-\varepsilon_c} \\ \sigma_1 = A+B \\ \sigma_2 = A-B \\ A = \dfrac{E}{3(1-\mu)}(\varepsilon_a+\varepsilon_b+\varepsilon_c) \\ B = \dfrac{\sqrt{2}E}{3(1+\mu)}\sqrt{(\varepsilon_a-\varepsilon_b)^2+(\varepsilon_b-\varepsilon_c)^2+(\varepsilon_c-\varepsilon_a)^2} \end{cases} \quad (4\text{-}30)$$

式(4-27)～式(4-30)中 $\varepsilon_a$、$\varepsilon_b$、$\varepsilon_c$ 对于 45°角的贴片方式，分别表示 0°、45°、

90°三个方向上的应变；对于60°角的贴片方式，分别表示0°、60°、120°三个方向上的应变；$\sigma_1$、$\sigma_2$表示最大和最小主应力；$\theta$表示最大主应力方向与$\varepsilon_a$应变片方向的夹角。

试验中使用的应变片为60°角的贴片方式，这种贴片方式相对于45°角的贴片方式而言，贴片较为容易，不必判断主应力方向。根据材料力学中对应力圆的分析[100]，直角型贴片方式在主方向附近，应变的大小对于测量角度的少量误差不敏感，但在两个主方向之间的角度附近(45°附近)则十分敏感，因此仅在主方向大体上可以估计到的情况下应用45°角贴片方式。

将表4-3中的数据进行修正后代入式(4-30)中，可计算得到主应力$\sigma_1$、$\sigma_2$。

为了确定液压缸支座所受应力是否可靠，需选定一个与制造结构的材料相适应的强度准则以便确定结构在安全的范围内使用，并便于与仿真结果进行比较。在载荷作用下，结构上某一点存在的应力状态用应力张量$\boldsymbol{\sigma}$表示，由此产生的变形用应变张量$\boldsymbol{\varepsilon}$表示。应力张量$\boldsymbol{\sigma}$与应变张量$\boldsymbol{\varepsilon}$间存在依赖材料本身固有特性的关系称为本构关系[101-103]。

弹性体本构关系是在胡克定律的基础上推广得出的，用屈服准则来判断某点是否由弹性状态进入塑性状态，对于单向应力状态只需判断拉应力$\sigma_x$是否达到屈服应力$\sigma_s$，对于复杂应力状态(图4-4，由6个应力分量决定)，屈服条件就是由此6个应力分量组成的方程，即$f(\sigma_{ij})=c$。其中$f$为屈服函数，常数$c$为制造材料的特性常数。

若以6个应力分量为坐标轴建立坐标系，则在此坐标系中$f(\sigma_{ij})=c$代表一个六维超曲面，为了描述与研究问题方便，只需以三个主应力$\sigma_1$、$\sigma_2$、$\sigma_3$为坐标轴建立坐标系。此坐标系描述的空间为主应力空间，简称应力空间。应力空间中的每一点对应一个应力张量，也代表一个应力状态。方程$f(\sigma_1,\sigma_2,\sigma_3)=c$在应力空间中代表一个曲面，此曲面称为屈服曲面。屈服曲面内的点满足不等式$f(\sigma_1,\sigma_2,\sigma_3)<c$时，代表弹性状态。屈服曲面及以外的点满足$f(\sigma_1,\sigma_2,\sigma_3)\geqslant c$时，代表塑性状态。因此，屈服曲面是弹、塑性状态的分界面。

可靠性试验中，采用Mises屈服条件作为屈服准则[104-106]。Mises屈服条件是经过Maxwell、Huber、Hencky等的研究后于1913年由Von Mises提出的屈服条件：当物体内一点的应力偏张量的第二不变量$J_2$达到某一数值时，此点开始屈服。Mises屈服条件还可以写为三个主应力的形式，即

$$(\sigma_1-\sigma_2)^2+(\sigma_1-\sigma_3)^2+(\sigma_2-\sigma_3)^2=6J_2 \qquad (4-31)$$

对于单向应力拉伸应力状态，材料开始屈服时的应力状态是

$$\sigma_1=\sigma_s, \quad \sigma_2=\sigma_3=0 \qquad (4-32)$$

将式(4-32)代入式(4-31)，可解得

$$J_2 = \sigma_s^2 / 3 \tag{4-33}$$

将式(4-33)代入式(4-31)得到用三个主应力表示的屈服条件为

$$(\sigma_1 - \sigma_2)^2 + (\sigma_1 - \sigma_3)^2 + (\sigma_2 - \sigma_3)^2 = 2\sigma_s^2 \tag{4-34}$$

也就是

$$\sqrt{[(\sigma_1 - \sigma_2)^2 + (\sigma_2 - \sigma_3)^2 + (\sigma_3 - \sigma_1)^2]/2} = \sigma_s \tag{4-35}$$

应用 Mises 屈服条件有以下优势。

(1) Mises 屈服条件考虑了三个主应力对屈服的影响。

(2) 不论主应力大小顺序是否已知，Mises 屈服条件表达式都较简单。

(3) Mises 屈服曲面是光滑的曲面，通过试验验证 Mises 屈服条件比常用的 Tresca 屈服条件更接近试验结果[107]。

依据式(4-35)，对各测试点列出用 Mises 等效应力公式如下：

$$[\sigma]_{\text{Mises}} = \sqrt{\frac{(\sigma_1 - \sigma_2)^2}{2} + \frac{(\sigma_2 - \sigma_3)^2}{2} + \frac{(\sigma_3 - \sigma_1)^2}{2}} \tag{4-36}$$

应用 ANSYS 有限元软件计算时，对液压缸支座结构使用 20 节点六面体单元 SOLID95，采用 Smart 方式划分网格(上支座单元总数为 6310，下支座单元总数为 7458)，材料为 Q275 碳素结构钢，弹性模量 210GPa，泊松比 0.3，密度 $7.85 \times 10^3 \text{kg/m}^3$。图 4-12 为 ANSYS 有限元软件得出的应力云图。

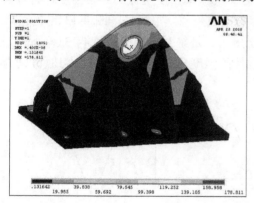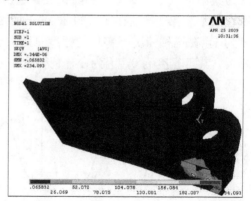

图 4-12 液压缸支座结构的应力云图(彩色插图见附录 F)

用数值分析软件 Matlab 计算试验中等效应力，取支座结构试验最大值得到 $[\sigma]_{\text{Test max}}$。将其和 ANSYS 有限元分析结果的最大值 $[\sigma]_{\text{max}}$ 并列，可以得到数据如表 4-4 所示，并计算两者的相对误差 $E$ 如下：

$$E = \frac{[\sigma]_{\text{max}} - [\sigma]_{\text{Test max}}}{[\sigma]_{\text{max}}} 100\% \tag{4-37}$$

表 4-4  有限元计算与试验测得的最大应力

| 载荷倍率 | 0.5 倍 | 0.8 倍 | 1 倍 | 1.5 倍 | 2.0 倍 |
| --- | --- | --- | --- | --- | --- |
| $[\sigma]_{max}$/MPa | 58.83 | 93.43 | 115.54 | 173.56 | 234.09 |
| $[\sigma]_{Text\,max}$/MPa | 54.77 | 85.67 | 108.37 | 164.06 | — |
| $E$/% | 6.9 | 8.3 | 6.2 | 7.2 | — |

### 4.3.4 试验结果的分析

从表 4-4 中可以看出，有限元计算应力比试验测试应力略大，但两者相对误差较低，这主要是因为贴片位置只能贴近最大应力点，但距离此点会有一细微误差。由此可知，计算应力值与试验值能够基本吻合。通过试验发现当泄放液压油以后，计算机屏幕上示波信号幅值立即回零，说明对液压缸支座所加载荷完全在弹性承载范围以内，没有产生塑性变形与残余应力。每一次加载稳定后都对悬挂缸的压力表进行读数，依照国家标准 GB/T 20801—2006，保压 10min，没有接头松动与卸压现象产生，这说明液压缸是可靠的。

支座结构的可靠度可由应力-强度干涉理论与计算来确定[108-110]。其主要依据影响材料强度的因素如尺寸、材料成分等均为随机变量，影响应力的参数如载荷工况、应力集中等也呈一定分布的随机变量。应力 $s$ 的概率密度函数 $f(s)$ 与强度 $\delta$ 的概率密度函数 $g(\delta)$ 一般存在着如图 4-13 所示的三种关系。很明显，图 4-13(a) 的可靠度为 1，在这种情况下零件的强度总是大于应力，是绝对安全的。图 4-13(c) 则正好相反，其可靠度为 0，因为在任何情况下零件的强度总是小于应力。图 4-13(b) 则介于两者之间。

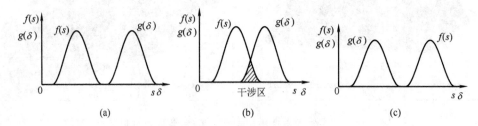

图 4-13  应力-强度干涉模型

图 4-13(c) 的情况是工程中不允许而应当避免的，但如果按照图 4-13(a) 的情况来设计部件结构或零件，势必造成设计尺寸过于庞大，代价过高。因此，需要研究的是图 4-13(b) 的"干涉"情况。结构的可靠度 $R$ 表达式为

$$R = P(\delta > s) = P(\delta - s > 0) \tag{4-38}$$

其实质就是结构的应力与强度相互"干涉"时结构的强度比应力大的概率。一

般情况下，应力与强度的分布相互独立，则应力-强度模型下结构的可靠度为

$$R = P(\delta > s) = \int_{-\infty}^{+\infty} g(\delta) \left[ \int_{-\infty}^{\delta} f(s) \mathrm{d}s \right] \mathrm{d}\delta$$
$$= \int_{-\infty}^{+\infty} f(s) \left[ \int_{s}^{+\infty} g(\delta) \mathrm{d}\delta \right] \mathrm{d}s \tag{4-39}$$

部件结构的应力、强度均服从正态分布是最典型的情况，此时应力和强度的概率密度函数分别由式(4-40)和式(4-41)可得出

$$f(s) = \frac{1}{\sqrt{2\pi}\sigma_s} \exp\left[-\frac{1}{2}\left(\frac{s-\mu_s}{\sigma_s}\right)^2\right], \quad -\infty < s < \infty \tag{4-40}$$

式中，$\mu_s$——应力的均值；
$\sigma_s$——应力的标准差。

$$g(\delta) = \frac{1}{\sqrt{2\pi}\sigma_\delta} \exp\left[-\frac{1}{2}\left(\frac{\delta-\mu_\delta}{\sigma_\delta}\right)^2\right], \quad -\infty < \delta < \infty \tag{4-41}$$

式中，$\mu_\delta$——强度的均值；
$\mu_\delta$——强度的标准差。

定义强度差为 $y = \delta - s$，由概率论可知，两个正态分布的随机变量之差 $y$ 也是一个正态分布随机变量，所以变量 $y$ 的均值 $\mu_y$、标准差 $\sigma_y$ 为

$$\mu_y = \mu_\delta - \mu_s, \quad \sigma_y = \sqrt{\sigma_\delta^2 + \sigma_s^2} \tag{4-42}$$

因此，结构的可靠度为

$$R = P(y > 0) = \int_0^\infty \frac{1}{\sqrt{2\pi}\sigma_y} \exp\left[-\frac{1}{2}\left(\frac{y-\mu_y}{\sigma_y}\right)^2\right] \mathrm{d}y \tag{4-43}$$

作坐标变换，令 $Z = (y - \mu_y)/\sigma_y$，则积分下限为

$$Z = \frac{0 - \mu_y}{\sigma_y} = -\frac{\mu_\delta - \mu_s}{\sqrt{\sigma_\delta^2 + \sigma_s^2}} \tag{4-44}$$

结构的可靠度计算式(4-39)成为

$$R = \frac{1}{\sqrt{2\pi}} \int_{-Z}^\infty \exp\left(-\frac{Z^2}{2}\right) \mathrm{d}Z = 1 - \Phi(Z) \tag{4-45}$$

显然随机变量 $Z$ 是标准正态变量，式(4-44)又称为联结方程。计算结构的可靠度只需按式(4-42)和式(4-44)计算出 $Z$ 值，根据标准正态积分表即可求出不可靠度 $\Phi(Z)$ 值。由文献[111]可知材料Q275的强度极限均值为 $\sigma_u = 329.28\text{MPa}$，强度极限的标准离差为 25.3MPa(约为均值的 3.79%)，应力取试验中 1 倍载荷的试验最大应力值 $\sigma_s = 115.54\text{MPa}$，应力的离差取值为 14.5MPa(有限元分析与试验的应力差)，

由式(4-42)～式(4-45)可计算得到液压缸支座部件的可靠度为 0.998。由部件结构制造材料的强度和应力数据还可计算出结构的均值安全系数 $\bar{n}$：

$$\bar{n} = \frac{\mu_s}{\mu_\delta} \tag{4-46}$$

在式(4-46)中代入可靠度计算公式和联结方程，消去 $\mu_\delta$，还可得到如下的均值安全系数 $\bar{n}$ 计算公式：

$$\bar{n} = \frac{\mu_s}{\mu_s - Z\sqrt{\sigma_s^2 + \sigma_\delta^2}} \tag{4-47}$$

由此，可计算出结构的均值安全系数为 $\bar{n}$=2.850。用同样的安全系数为准则，对升降液压缸的上、下支座进行优化设计，分别减重 11% 和 18%。

## 4.4 本章要点回顾

本章论述了根据工程的实际需要，用计算机辅助设计软件，对液压缸支座部件进行结构优化设计，并利用有限元分析与测试试验相结合的方法，对炉底机械的关键受力部件——液压缸支座进行了可靠性试验与分析，论证了该机械结构的可靠性与安全性，并结合应力-干涉模型计算出结构的可靠度和安全系数。经过优化设计的机械部件，减轻了设备重量，由此节省了制造费用，同时也降低了液压缸更换作业的维修难度和修理时间。

# 第 5 章　炉底机械液压设备的可靠性管理与维修

## 5.1　基于流程再造的液压设备可靠性管理

可靠性管理的工程应用方面，国外知名公司研究并规范了针对其自身特点的执行计划，如克莱斯勒(Chrysler)公司定期举行汽车设计技术人员、制造技术人员及质量管理人员会议，研究讨论"修正方案"，确定经济上较合理的设计方案；仙童(Fairchild)公司对示波器进行工况试验并对有关的元器件进行筛选试验；西屋(Westinghouse)公司制定了各部门的通用可靠性计划，通过促进各部门技术文档交流，提高可靠性，降低了维修费用[112]。

按液压系统工程应用的角度，可把液压系统的可靠性分为固有可靠性和使用可靠性，并认为固有可靠性是指从设计到制造所确定了的系统内在属性，用于描述系统设计和制造的可靠性水平，而使用可靠性则综合考虑产品安装环境、维修策略和修理实施等因素，用于描述系统在计划的环境中使用的可靠性水平，提出如图 5-1 所示液压系统可靠性的分类组成及各子类所占比例。

可靠性管理从液压系统固有可靠性到使用可靠性贯穿始终。液压系统的可靠性管理及工程实践方面，国内外可以借鉴的具有实际应用价值的研究成果还不多见，尤其在冶金机械领域，仅有少量文献进行了有益的探索与研究。以工程总承包项目的方式实施的液压系统工程，需要一套规范的管理流程来对系统的可靠性进行保障。

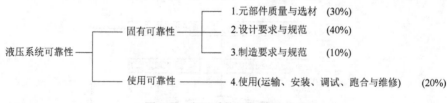

图 5-1　液压系统可靠性的分类

下面结合作者完成的典型工程，从步进式炉底机械液压系统总承包工程实施方的角度，对系统的可靠性管理及实施流程进行分析与探讨。

### 5.1.1　液压设备可靠性管理的流程再造研究

工程总承包项目的实施方为液压系统用户(在此只述及钢铁生产企业)，提供成套的系统设计、安装施工、调试、试运行及技术支持与服务。由于专业化分工和企业提升专业程度的实际需要，液压系统制造的任务往往由专业的液压系统成套厂来完成，例如，为中冶东方公司秦皇岛研究设计院工程总承包项目承担制造任务的是大连重工集团华瑞液压设备制造厂和江苏海门油威力液压有限公司。

在中冶集团某研究设计院以往实施的项目管理流程中,存在许多不合理的做法,例如,仅提供主要技术参数和较简单的技术要求,由系统制造者细化与实施,缺乏各种监督环节与健全的可靠性管理机制,给总承包项目的运行带来风险,极端的情况下甚至因此而损害用户方的经济利益和项目施工方的企业形象。为此,本书结合工程总承包项目的工程实践,对液压系统可靠性管理进行流程再造。

以某公司大型板坯步进式炉底机械液压系统为例,进行一系列炉底机械液压系统的设计、施工与管理。在深度研究的基础上,重新建立一套针对炉底机械液压系统的可靠性管理程序流程,见图5-2。

对液压系统可靠性管理的流程进行简略说明:从分阶段管理的角度来看,可靠性管理的流程中,自工程项目确立为开始,到商务招标为终止,是设计阶段的可靠性管理。在这一阶段主要内容包括接受设计任务,核定液压系统主要性能参数;组建设计组,整理同类系统或相关系统的设计资料;讨论液压系统的初步设计方案,开展系统方案设计、评审并筛选最优方案;依据最优方案进行工况计算和液压系统图设计,并进行液压系统图会审;设计零部件制造与施工图,并进行会审;编制液压系统制造要求说明书、液压系统出厂试验技术附件、包装与运输要求、现场安装技术规范、液压系统调试大纲、任务可靠性验收标准和系统使用维护细则等工程应用可靠性管理文档。

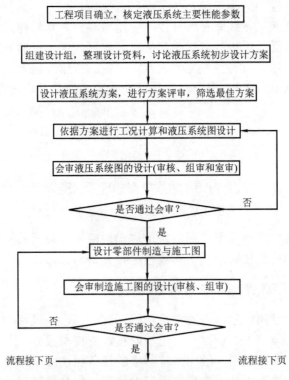

图 5-2　液压系统可靠性管理的流程图

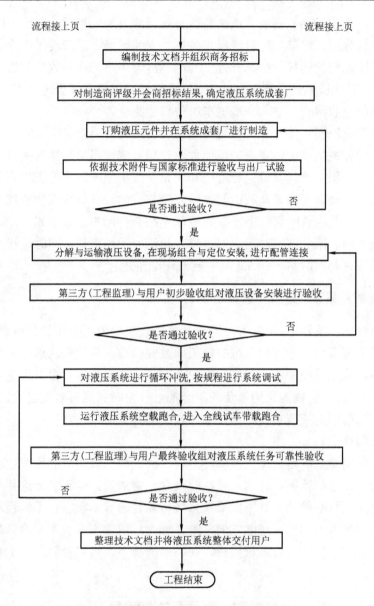

图 5-2 液压系统可靠性管理的流程图(续)

可靠性管理流程图中,从商务招标开始,到液压系统通过出厂试验为止,是制造阶段的可靠性管理。在这一阶段主要完成对制造方能力与业绩的评级,确定液压系统成套厂;订购液压元件,完成制造与厂内装配;依据技术附件与国家标准进行验收与出厂试验。

可靠性管理流程图中,从厂内分解与包装液压设备到通过现场的液压系统任务可靠性验收，完成运输、安装、调试与跑合阶段的可靠性管理。在这一阶段主要完成的内容包括分解、包装与运输液压设备抵达安装现场，进行现场组合、定位与安装，进行液压配管的连接；由第三方（工程监理）与用户初步验收组对液压设备的安装进行验收；对液压系统进行循环冲洗，按系统调试大纲与规程进行液压系统调试；运行液压系统空载跑合，进入全线试车时带负载跑合。

可靠性管理流程中第三方对安装工程的验收具有重要意义[113]，第三方站在客观的立场上发现并提出施工中存在的可能危及日后系统使用可靠性的关键问题，以利于在安装施工过程中就能及时进行避免和纠正，维护系统用户的正当利益。为本工程承担第三方监理职责的是马鞍山钢铁研究院与首钢设计研究院的监理公司。

在液压系统的跑合阶段，还没有将液压系统交付用户进行正式生产，在这一阶段利用系统使用、维护细则对用户的维修人员进行现场培训，同时进行可靠性维修试验，这是最有利的时机，在5.2节中展开详细论述。

### 5.1.2 用定时截尾试验进行可靠性验收

可靠性管理的流程中，第三方与用户最终验收组对液压系统任务可靠性的验收，是一个重要工程节点，若液压系统的施工通过此验收，将代表总承包方完整地履行了主要义务，液压系统的使用与维护将完全交给用户方实施。根据步进式炉底机械液压系统的工程实践，规定采用带负载跑合期进行定时截尾可靠性验收试验的方法。可靠性验收试验作为液压系统任务可靠性合格的判据，由系统供需双方约定与认可，并由技术合同确立。

合同中应明确系统跑合期的故障类别与分级。根据经典可靠性理论，系统的性能指标超出了规定的范围，称为故障，此概念非常清晰，但事实上这种单纯划界的方法用来定义具体系统的故障不能反映系统可靠性的真实状态，不同程度的故障对系统性能的影响各不相同，排除它们的难易程度、所费维修成本和检修时间也很不一样。所以，为了更加符合工程实践，在许多情况下，可以参照表5-1列举的特征对故障分级。

表5-1 液压系统的故障分级

| 故障等级 | 特征 |
| --- | --- |
| 极（特）大故障 | ①系统的全部性能指标超出了规定范围，功能全部丧失，无法继续使用；<br>②需送修理厂大修或更换主要部件 |
| 很（重）大故障 | ①系统的全部主要性能指标超出了规定范围，功能全部丧失，无法继续使用；<br>②需送修理厂修复或更换主要部件 |
| 大故障 | ①系统的大部分主要性能指标超出了规定范围，功能全部丧失，无法继续使用；<br>②需送修理厂修复 |

续表

| 故障等级 | 特　征 |
|---|---|
| 较大故障 | ①系统的部分主要性能指标超出了规定范围,功能基本丧失,无法继续使用;<br>②需送修理厂修复 |
| 较小故障 | ①系统的少数主要性能指标超出了规定范围,功能大部分保持,尚可勉强使用;<br>②需由专门维修人员在系统工作现场修复 |
| 小故障 | ①系统的个别主要性能指标或部分次要性能指标超出了规定范围,功能大部分保持,尚可勉强使用;<br>②需由专门维修人员在系统工作现场修复 |
| 很小故障 | ①系统的部分次要性能指标超出了规定范围,功能正常,可继续使用;<br>②由操作人员在系统工作现场排除 |
| 极(特)小故障 | ①系统的个别次要性能指标超出了规定范围,功能正常,可继续使用;<br>②由操作人员在系统工作现场排除 |

这种分级很好地利用了系统使用与维修过程大量存在的模糊信息[114-117],有利于设计专家与施工单位进行系统故障类型评判,但不利于总承包方和用户方的操作者和维修人员在实践中进行故障统计,因此为了收集与分析可靠性数据,还需对每一级故障设立量化标准。

经过可靠性设计与系统优化,在步进式炉底机械的液压系统中,已经排除了表 5-1 中所列的极(特)大故障、很(重)大故障、大故障发生的概率,故应着重对表 5-1 中余下的 5 种故障进行便于统计分析的量化,可得到表 5-2。

表 5-2　液压系统故障分级的量化表

| 类别 | 维修时间/h | 维修成本/元 |
|---|---|---|
| 较大故障(Ⅰ) | 48 以上 | 10000 以上 |
| 较小故障(Ⅱ) | 24~48 | 5000~10000 |
| 小故障(Ⅲ) | 6~24 | 2000~5000 |
| 很小故障(Ⅳ) | 1~6 | 1000~2000 |
| 极(特)小故障(Ⅴ) | 1 以下 | 1000 以下 |

可靠性验收试验以某公司的工程为例进行说明。按照技术合同约定,由供方提供三个月的带载跑合服务期,在此期间一切液压系统的设备故障均由供方负责解决,该公司承担从旁协助的义务。

根据轧线施工进度,这一时段已经进入配合整条生产线的试生产阶段,故提出的任务可靠性数据指标为在表 5-2 中,只允许发生很小故障(Ⅳ)和极(特)小故障(Ⅴ),且很小故障不大于 2 次,极(特)小故障不大于 5 次,考核指标为表 5-2 中排除故障的维修时间指标。由此确立的任务可靠度指标可用小子样试验理论进行点估计[118]，故障结果出现的概率由式(5-1)计算，式中 $P$ 表示故障概率，$R_s$ 表示系统的可靠度指标。

根据工厂的生产情况，为每日24h四班制，每班次 6h，验收试验期共 420 个班次。故对第Ⅳ类故障，$n=420$，$r=2$。

$$P(k=r) = \binom{n}{r} R_s^{n-r}(1-R_s)^r \tag{5-1}$$

用极大似然法可得系统可靠度的点估计值为式(5-2)，其中，$x$ 是未发生故障的正常工作班数，计算可得

$$\begin{cases} \hat{R}_s = \dfrac{x}{n} \\ x = n-r \end{cases} \tag{5-2}$$

由于点估计可靠度数值精度不高，工程实践中往往希望给出一定置信度下系统可靠度置信下限 $R_s^*$ 的估值。给定置信度 $\alpha$，可靠度置信下限 $R_s^*$ 可由式(5-3)求出

$$\sum_{k=0}^{r} \binom{n}{k} (R_s^*)^{n-k}(1-R_s^*)^k = 1-\alpha \tag{5-3}$$

式中，$n$——液压系统在可靠性试验期总的工作班次；

$r$——液压系统在可靠性试验期发生故障的工作班次；

$R_s^*$——液压系统的可靠度置信下限；

$\alpha$——技术合同中约定的置信度。

根据二项分布与 $F$ 分布的关系可知

$$\sum_{k=0}^{r} \binom{n}{k}(R_s^*)^{n-k}(1-R_s^*)^k = F_F\left[\dfrac{(n-r)(1-R_s^*)}{(r+1)R_s^*}, 2r+2, 2n-2r\right] \tag{5-4}$$

可以得出

$$F_F\left[\dfrac{(n-r)(1-R_s^*)}{(r+1)R_s^*}, 2r+2, 2n-2r\right] = 1-\alpha \tag{5-5}$$

根据技术合同约定的置信度 $\alpha=0.95$，查 $F$ 分布表得 $R_s^*=0.932$。在液压系统的可靠性试验服务期内，发生故障的班次为 $r=1$，由此计算出工程实践中系统在 0.95 的置信度下，任务可靠度的置信下限为 $R_s^*=0.948$。经实践考核液压系统的任务可靠性达到了要求，顺利通过了验收并交付使用。

### 5.1.3 可靠性管理与维修团队的确立

液压系统完全交付用户进行可靠性管理与运行维护，首要条件是由系统的用户

方组建并培训一支完善健全的液压维修团队。目前,应用炉底机械装备的冶金工厂,由于存在大量采用液压传动的重型装备[119,120],加上各级领导的高度重视,每个生产厂都建有自己专门的液压维修团队,这令炉底机械液压系统的可靠性管理与维修在人的因素方面有了基本保障。

维修团队的健全性,是指这支维修团队成员应该各司其职,形成一个按阶梯分布的完整团队,如图5-3所示,它至少应该包括下列人员。

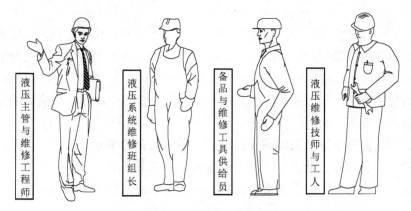

图5-3 液压系统的维修团队

(1)液压主管与维修工程师:液压主管与维修工程师对厂级领导负责,在技术层面总揽整条生产线的液压设备可靠性管理与维修工作的全局。他直接管理液压系统维修班组长,负责编写或管理液压系统操作与维护说明书,分类与归档保存维修记录表,设计并安排具体装备液压系统的年度、季度维修计划与维修重点。他需要了解生产线上每台重大装备的工艺地位和工作原理,要具备较高的液压系统工作原理知识和丰富的维修管理实践经验。

(2)液压系统维修班组长:液压系统维修班组长接受液压主管与维修工程师领导并对其负责,一般负责具体的一套或多套装备液压系统的可靠性管理与维修工作。他负责理解年度、季度维修计划与维修重点,并编写月、周、日的分段实施细则,还要具备一定的工程心理学[121,122](也称为人机可靠性工程学)修养,管理并协调备品与维修工具供给员和液压维修技师与工人,安排技师与工人进行专业培训并对其进行考核,还负责协助液压主管发放并回收维修记录表。他需要了解管辖具体装备液压系统的组成与工作原理,要同时具备丰富的维修管理实践经验和精湛的维修技能,还需要当机立断,具备对突发故障迅速作出判断与反应的能力。

(3)备品与维修工具供应员:备品与维修工具供应员直接面向液压维修技师与工人,为他们提供液压系统专门的维修工具与液压泵阀、高压胶管总成、管接头等备品元件。他需要按维修班组长的维修计划，提交工具与备件的库存情况与采购清单，并负责工具与备件入库后的可靠性管理。由于液压元件多是集电子与机械于一身的精密元件，其库存可靠性管理需要较高条件，如元件库存时间与摆放场地的管理、元件电子部分的防碰损、注油元件液压油口的封堵防污和元件防锈等特殊要求。因此，可以说液压系统的备品与维修工具供应员所应具备的专业素质与技能应远高于一般设备与紧固件库存管理的保管员，应对其进行专门的业务培训工作。

(4) 液压维修技师与工人：液压维修技师与工人劳动在生产一线，按液压系统维修班组长的要求，通过备品与维修工具供应员的协助收集开展日常护理与维修的必要工具与液压备件，直接对液压设备进行保养、调整与修理。技师与工人的责任心[123]和维修技能决定了液压系统故障的预防和得到及时修理的程度，直接影响液压系统使用可靠性与使用寿命。

维修团队创建中除了工作职务的分工，还应综合考虑专业工龄、教育经历和生理年龄情况，合理搭配液压系统可靠性管理与维修团队的人员构成[124,125]。以联成公司液压系统维修团队的组成情况为例，其基本构成可归纳为表5-3。

表5-3 联成公司液压系统维修团队构成

| 成员分项特征 | 级别分类 | 构成/人 |
| --- | --- | --- |
| 工作职务 | 液压工程师与主管 | 1 |
| | 维修组液压班长 | 2 |
| | 备品与工具供应员 | 4 |
| | 液压维修技师与工人 | 7 |
| 专业工龄 | 从业20年以上 | 5 |
| | 从业10~19年 | 3 |
| | 从业5~9年 | 2 |
| | 从业5年以下 | 4 |
| 教育经历 | 硕士学历研究生 | 1 |
| | 大学本科学历 | 4 |
| | 大学专科学历 | 1 |
| | 中专及以下学历 | 7 |
| 实际年龄 | 50周岁以上 | 4 |
| | 40~49周岁 | 3 |
| | 30~39周岁 | 3 |
| | 30周岁以下 | 4 |

## 5.2 故障与致命度分析、维修性设计与实践

### 5.2.1 液压设备的故障模式分析

国家标准 GB/T 2900.13—2008 规定,故障模式是指元器件或系统失效的表现形式,失效机理是失效的实质原因,是失效的物理、化学变化等内在原因。

对于液压元件来说,故障模式一般有泄漏、噪声、振动、机械损坏、压力波动和流量不足等表现形式,即使同一种表现形式,其故障机理也不相同,这也表现了液压系统故障的多发性、关联性、隐蔽性和复杂性。系统中元件的失效机理有机械磨损、形变、疲劳、断裂、污染、老化等几种形式。这些失效机理在不同的液压元件中表现为不同的故障模式。表 5-4 给出了液压系统中各元件的故障模式和失效机理分析。

从表 5-4 中可以看到,液压元件中绝大多数失效原因与液压油直接或间接相关,直接相关的如油液黏度高、混有空气、污染颗粒度超标、耐磨性或润滑性不好等,间接相关的如液压弹簧失效、阀芯卡死、滤芯失效等,这与液压系统故障 75%以上因液压油引发的工程实践结论是完全相符合的[126]。因此,在液压系统可靠性工程实践中,应尽量选用高质量、抗污染、高可靠性的元件,并注意加强安装过程中管道的清洗。在液压系统可靠性管理、使用与维修过程中应重视与加强对液压元件的清洗、保养和维护,尽量保持液压系统中作为工作介质的液压油液的清洁度,防止液压泵柱塞、液压阀芯与弹簧等磨损和卡死故障的发生。还应重点注意各种元件接口的油液泄漏问题。把握液压油的清洁度和泄漏这一影响炉底机械液压系统可靠性的关键环节,就大幅度降低了诱发液压系统失效的可能性。

表 5-4 液压元件的故障模式及失效机理分析

| 元件 | 故障模式 | 失效原因 |
| --- | --- | --- |
| 溢流阀 | 压力波动 | 弹簧弯曲 |
| | | 锥阀阀体与阀座接触不良 |
| | 调节无效 | 弹簧断裂 |
| | | 阀体被卡住 |
| | | 回油口被堵 |
| | | 锥阀阻尼孔堵塞 |
| | 泄漏 | 滑阀阀体与阀座配合间隙过大 |
| | | 锥阀阀体与阀座配合间隙过大 |
| | | 压力调节过高 |
| | 压力到达调定值时不开启 | 弹簧失效 |
| | | 滑阀阀芯卡死 |

续表

| 元件 | 故障模式 | 失效原因 |
|---|---|---|
| 电磁换向阀 | 滑阀不换向 | 电磁铁损坏或推力不够 |
| | | 对中弹簧失效 |
| | | 滑阀阀芯卡死 |
| | 动作缓慢 | 泄油路堵塞 |
| | | 油液黏度过高 |
| 插装阀 | 不能开关 | 阻尼孔被油液中的杂质等阻塞 |
| | | 阀芯与阀体间机械卡住 |
| | 泄漏 | 阀芯与阀体间摩擦损耗 |
| | | 锥形阀体与阀座间的线密封被杂物破坏 |
| 减压阀 | 压力不稳定 | 主阀弹簧变形或卡住 |
| | | 锥阀与阀座配合不良 |
| | 无减压作用 | 阀芯卡死 |
| | | 阻尼孔被堵 |
| 节流阀 | 节流失效或调节范围较小 | 节流阀芯和阀体配合间隙过大 |
| | | 节流口堵塞 |
| | | 阀芯被卡 |
| | 流量控制不平稳 | 节流口堵塞使通油面积减小 |
| | | 由于震动使调节位置变化 |
| 单向阀 | 逆流时密封不良 | 单向阀阀口有脏物或被磨损 |
| | | 阀芯被卡 |
| | 不能正常开启 | 背压大 |
| | | 阀芯被卡 |
| 球阀或蝶阀 | 漏油 | 密封件失效 |
| | | 阀芯与阀体间隙太大 |
| | 手柄失灵 | 阀芯卡死 |
| | | 阀与阀体磨损间隙太大 |
| | 不能卸荷 | 主阀阀芯卡死 |
| | | 主阀弹簧失效 |
| | | 阻尼孔阻塞 |
| | | 电磁换向阀失效 |
| 滤油器 | 油液堵塞 | 滤芯堵塞且旁路失效 |
| | | 油液黏度过大 |
| | 无滤油效果 | 滤芯失效 |
| | | 滤油器堵塞使旁路开通 |
| 管接头 | 不能锁紧 | 接头体螺纹损坏 |
| | | 锁紧螺母内螺纹损坏 |
| | 密封泄漏 | 密封 O 型圈破碎或老化 |
| 液压法兰 | 紧固件松动 | 连接螺栓或螺母失效 |
| | | 弹性垫圈断裂或失去弹性 |
| | 密封泄漏 | 密封垫片失效 |

续表

| 元件 | 故障模式 | 失效原因 |
|---|---|---|
| 胶管总成 | 接头漏油 | 接头或螺母螺纹损坏 |
| | | 密封O型圈破碎或老化 |
| | 胶管漏油 | 胶管承压爆裂泄漏 |
| 柱塞泵 | 不出油或流量不足 | 油液不能充分吸入泵中,如液面过低、吸油管漏气等 |
| | | 起动时油温较低,黏度太高 |
| | | 中心弹簧失效,缸体与配流盘之间失去密封 |
| | | 缸体孔与柱塞平面磨损或烧盘粘铜 |
| | | 泵中有零件损坏 |
| | | 回路其他部分漏油 |
| | 压力低 | 转速过低 |
| | | 压力调节阀失效 |
| | | 配流盘与缸体间有杂物,或配流盘与转子接触不良 |
| | 泄漏严重 | 密封件磨损 |
| | 流量无变化 | 变量机构失效 |
| | 噪声大 | 泵与电机连接不同心 |
| | | 吸入空气 |
| | | 泵体内存有空气 |
| | | 柱塞与滑靴头连接松动 |
| | | 回油管高于油箱液面 |
| | | 泵的转速过高 |
| | | 泵的润滑性不好 |
| 螺杆泵 | 流量不足或压力不能升高 | 吸油管路不畅 |
| | | 螺杆与泵壳磨损严重 |
| | 噪声严重 | 有空气混入油液中 |
| | | 螺杆制造或装配精度不高 |
| 液压缸 | 泄漏 | 密封件损坏 |
| | | 端面连接不紧 |
| | 输出无力 | 内外泄漏 |
| | | 系统压力低 |
| | 动作迟滞 | 缸中存在较多空气 |
| | | 油液黏度高 |
| | 只能伸出不能收回 | 内泄漏使缸成为差动回路 |
| | | 系统油液不能换向 |
| | 爬行 | 缸内或油内有空气 |
| | | 摩擦力过大 |
| | | 运动速度太低 |

## 5.2.2 热轧板坯炉机液压设备的致命度分析

通过致命度分析,可以在液压系统可靠性设计与维修过程中通过对液压系统各组成单元潜在的各种故障模式及对系统功能的影响进行分析,并判断这种故障模式影响的致命度,提出可能采取的预防改进措施,进而提高系统的可靠性。

故障模式效应及致命度分析法是一种单因素分析法,即假定只发生一种故障模式,研究这种故障模式对局部和系统的影响。致命度分析对每一故障模式按其严酷度分类及对该故障模式的出现概率两者进行综合分析,从而发现致命度高的故障模式,尽量从设计、制造、使用维护等各方面降低故障的发生概率。可采用如下的解析法:

定义第 $m$ 个系统中液压元件的致命度用 $C_{mr}$ 表示,其第 $i$ 个故障模式的致命度用 $C_{mi}$ 表示, $C_{mi}$ 的表示式为

$$C_{mi} = \beta_i \cdot \alpha_i \cdot \lambda_i \cdot t \tag{5-6}$$

式中, $\beta_i$ ——液压元件以故障模式 $i$ 发生而导致系统失效的条件概率;

$\alpha_i$ ——液压元件以故障模式 $i$ 发生故障的频数比;

$\lambda_i$ ——液压元件的基本故障率;

$t$ ——液压元件在系统中的工作时间。

故障影响概率 $\beta_i$ 是一个条件概率,它表示在第 $i$ 种故障模式发生的条件下,元件故障对液压系统的影响级别。通常 $\beta_i$ 的值可以按表 5-5 进行定量选择。故障模式频数比 $\alpha_i$ 表示液压系统按第 $i$ 种故障模式出现的次数与液压系统所有故障数的比值,综合大量工程实际经验后统计得来。液压元件的基本故障率 $\lambda_i$ 的预计方法可以用可靠性试验方法,但一般也可通过有关资料查得。工作时间 $t$ 表示液压系统的工作时间,一般用液压系统的工作小时或工作次数表示。

表 5-5 故障的影响概率

| 故障影响 | $\beta_i$ | 故障影响 | $\beta_i$ |
| --- | --- | --- | --- |
| 使液压系统丧失规定功能 | 1.00 | 可能使液压系统丧失规定功能 | 0~0.1 |
| 很可能使液压系统丧失规定功能 | 0.1~1.00 | 对液压系统无影响 | 0 |

综上所述,如果一个液压系统有 $n$ 个产生同类故障的元件,那么该类元件的致命度就可表示为

$$C_{mr} = \sum_{i=1}^{n} C_{mi} = \sum_{i=1}^{n} \beta_i \cdot \alpha_i \cdot \lambda_i \cdot t \tag{5-7}$$

经过详细的调查和资料分析以及现场的调研，对炉底机械液压系统中各液压元件的故障模式及失效机理进行分析，在此基础之上，可得出各元件对液压系统的致命度，并应用式(5-7)就可以得出炉底机械液压系统故障模式效应及致命度分析的表格。

根据上述液压系统中元件失效模式和失效机理的分析，结合有关资料和专家的经验，对某公司板坯步进式炉底机械液压系统中元件的失效率、故障频数、故障影响概率等进行估计，从而得出液压系统中每一个元件的致命度。

某公司板坯步进式炉底机械液压系统，根据热轧生产线年度生产大纲进行成本核算，全生产线设备投资总金额21亿元，步进式炉底机械液压系统投资254万元，以运载普碳钢坯料（尺寸规格为8000mm×200mm×400mm）为例，全生产线每轧制一块坯料，平均盈利0.75万元（参考2006年），其中炉底机械液压系统投入产出比是$1.2095 \times 10^{-3}$，可以算出收回炉底机械液压系统全部投资需运载有效轧制钢坯28万块。以收回投资为考核时间，考虑待轧运行时间[127]占总生产时间1/3（待轧按有效轧制运行时间的1/2考虑），步进式炉底机械在此区间需运行42万周次，每周次41.5s，总计运行时间5600h（约233天）。

用式(5-7)计算，在表5-6中列出按上述估计条件下各元件的失效致命度。按常规液压元件分类方法进行类别区分：Ⅰ为液压阀类，其中包括压力、流量与方向控制三大子类的液压阀，又可分为插装式、叠加式和底板安装式等子类别，本液压系统对这些类型都有所应用；Ⅱ为液压附件类，包括测试附件类、过滤器类、冷却与加热器类、管接头与法兰类、液压钢管与胶管等，元件种类与规格最繁多；Ⅲ为液压泵类，按机械结构分为柱塞式、叶片式、齿轮式和螺杆式，按流量是否可调又分为变量式和定量式，该液压系统应用轴向斜盘柱塞式恒压变量泵和定量循环螺杆泵；Ⅳ为液压油缸类，按基本作用结构可分为对称式和差动式，其中差动式又包括柱塞缸和液压缸，按用途分为工程机械用、车辆用、船舶用和重型冶金用油缸，按连接方式又可分为法兰连接式、耳轴连接式、地脚式和耳环连接式，该液压系统平移液压缸和升降液压缸都属于重型冶金用差动液压缸，采用耳环连接并配以关节轴承。对相同的元件进行归并，取元件的工作时间为液压系统成本回收时间，约5600h。

从表5-6中可以看出，炉底机械液压系统中单独一类元件致命度最大的是管接头与法兰，主要是因为该类元件在系统中的应用数量大，所以引发漏油与连接松动的概率增大。管接头与法兰及可靠性在很多时候被专门从事设计工作的专业人员所忽视，主要是因为它们在液压系统制造成本中所占据的比例较小，但其对使用与维护中液压系统任务可靠性的影响通过表5-6中数据的分析，可以证明是显著的。

表 5-6 液压元件的致命度

| 类别 | 元件名称 | 数量 | 失效模式 | $\alpha$ | $\beta$ | $\lambda/10^{-6}$h | $C_r/10^{-3}$ |
|---|---|---|---|---|---|---|---|
| I | 电磁溢流阀 | 5 | 1.压力波动 | 0.2 | 0.5 | 11 | 246.40 |
| | | | 2.调节无效 | 0.4 | 1 | | |
| | | | 3.泄漏 | 0.2 | 0.5 | | |
| | | | 4.压力到达调整值时不开启 | 0.2 | 1 | | |
| | 方向插装阀 | 5 | 1.不能开关 | 0.3 | 1 | 9 | 163.80 |
| | | | 2.泄漏 | 0.7 | 0.5 | | |
| | 比例节流插装阀 | 2 | 1.不能开关 | 0.3 | 1 | 14 | 101.92 |
| | | | 2.泄漏 | 0.7 | 0.5 | | |
| | 压力插装阀 | 2 | 1.不能开关 | 0.5 | 1 | 12 | 114.24 |
| | | | 2.泄漏 | 0.7 | 0.5 | | |
| | 电磁换向阀 | 9 | 1.滑阀不换向 | 0.3 | 1 | 11 | 327.60 |
| | | | 2.动作缓慢 | 0.7 | 0.5 | | |
| | 压力补偿减压阀 | 1 | 1.压力不稳定 | 0.7 | 0.1 | 7 | 8.62 |
| | | | 2.无减压作用 | 0.3 | 0.5 | | |
| | 电液比例方向阀 | 1 | 1.不能实现换向功能 | 0.5 | 1 | 15 | 109.20 |
| | | | 2.比例电磁线圈故障 | 0.5 | 1 | | |
| | | | 3.液控失灵 | 0.3 | 1 | | |
| | 单向阀 | 6 | 1.不起单向阀作用 | 0.4 | 1 | 5 | 117.60 |
| | | | 2.泄漏 | 0.6 | 0.5 | | |
| | 球阀 | 24 | 1.漏油 | 0.8 | 0.1 | 2 | 75.26 |
| | | | 2.手柄失灵 | 0.2 | 1 | | |
| | 蝶阀 | 15 | 1.漏油 | 0.8 | 0.1 | 3 | 70.56 |
| | | | 2.手柄失灵 | 0.2 | 1 | | |
| II | 主泵回油滤油器 | 1 | 1.油液被堵塞 | 0.8 | 0.5 | 1 | 28 |
| | | | 2.无滤油效果 | 0.2 | 0.5 | | |
| | 吸油减震喉 | 7 | 1.漏油 | 1 | 0.5 | 3 | 58.80 |
| | 液压胶管总成 | 36 | 1.管接头漏油 | 0.8 | 0.5 | 3 | 604.8 |
| | | | 2.胶管破裂 | 0.7 | 1 | | |
| | 管接头与液压法兰 | 235 | 1.漏油 | 0.8 | 0.8 | 1 | 973.8 |
| | | | 2.连接松动 | 1 | 0.1 | | |
| | 液压管卡 | 46 | 1.紧固失效 | 1 | 0.1 | 2 | 51.52 |
| | 压力表 | 8 | 1.压力指示失灵 | 0.5 | 0.1 | 5 | 11.2 |
| | 测压接头 | 15 | 1.堵塞 | 0.1 | 0.1 | 2 | 1.68 |
| | 空气滤清器 | 2 | 1.堵塞 | 1 | 0.5 | 0.1 | 0.56 |
| | 循环泵滤油器 | 1 | 1.油液被堵塞 | 0.8 | 0.5 | 1 | 28 |
| | | | 2.无滤油效果 | 0.2 | 0.5 | | |

续表

| 类别 | 元件名称 | 数量 | 失效模式 | $\alpha$ | $\beta$ | $\lambda/10^{-6}$ h | $C_r/10^{-3}$ |
|---|---|---|---|---|---|---|---|
| III | 轴向柱塞变量泵 | 5 | 1.不出油或流量不足 | 0.2 | 1 | 13 | 196.56 |
| | | | 2.压力低 | 0.2 | 0.5 | | |
| | | | 3.漏油严重 | 0.2 | 0.4 | | |
| | | | 4.流量无变化 | 0.3 | 0.5 | | |
| | | | 5.噪声大 | 0.1 | 0.1 | 13 | 196.56 |
| | 循环螺杆泵 | 1 | 1.流量不足 | 0.6 | 0.1 | 15 | 6.31 |
| | | | 2.噪声严重 | 0.4 | 0.1 | | |
| IV | 平移液压缸 | 1 | 1.漏油 | 0.3 | 0.3 | 0.2 | 0.49 |
| | | | 2.输出无力 | 0.2 | 0.5 | | |
| | | | 3.动作迟滞 | 0.2 | 0.5 | | |
| | | | 4.爬行 | 0.3 | 0.5 | | |
| | 升降液压缸 | 2 | 1.漏油 | 0.5 | 0.5 | 0.4 | 2.55 |
| | | | 2.输出无力 | 0.1 | 1 | | |
| | | | 3.动作迟滞 | 0.2 | 0.1 | | |
| | | | 4.爬行 | 0.2 | 1 | | |

为提高管接头与法兰可靠性，除了前面已经论述的可靠性设计与施工安装中采取改进措施，必须重视液压系统使用中对管接头与法兰连接的可靠性管理与日常预防性维护，在后续中结合维修实践进一步说明。单类元件致命度第二位的是液压胶管，其应用数量也较大，由前述可知对位于炉底易燃区的执行液压缸主供油液压胶管进行了并联冗余可靠性设计，使用中还需配合可靠性管理与预防性维护。

液压油缸和液压泵等元件致命度要低于液压附件和液压阀，但其故障将造成停产等重大影响。这两类元件还存在维修条件要求较高和订货、制造周期长的特点，例如，对液压缸活塞的修磨需要专门的外圆磨床，拆卸柱塞泵需要专门的维修室等条件，一台进口的液压泵，以排量规格在125ml/r以上，力士乐公司出产的恒压变量柱塞泵(如A4VO和A7VO系列)为例，订货周期需要3～6个月，国内油缸的订货与制造周期一般也不短于2个月。因此，对这两类元件的可靠性管理就显得极为关键。对于液压缸，在每台炉底机械的工程实践中，控制液压缸耳轴配合处的尺寸精度和关节轴承与液压缸支座安装间隙，采用对液压缸伸出杆部加装防尘套的办法，减少对缸杆的划伤等危害，在日常维护中对液压缸关节轴承定期加注润滑脂。

液压阀类的失效原因种类多、故障发生较为隐蔽，所以液压阀元件的致命度较大，阀类元件致命度之和更是远大于其他类元件。作为液压系统的控制部分，其可靠性对系统的影响十分重大。不同液压阀之间也存在十分大的差别，在液压系统使用中需要进行区分与辨别，如球阀、蝶阀和单向阀，购置成本和维修价值较低，应合理安排备件数量，以便维修时作替换；溢流阀和普通换向阀，购置成本和维修价值都相对较高，有维修与试验条件的工厂应考虑配备一些密封、弹簧和阀芯零件，进行自主修理，可节约大量的订货等待维修时间和不必要的元件购置成本；对于比例液压阀和压力补偿阀等元件，由于其成本高、维修难度大、订货周期长，对液压系统正常工作的影响强，因此采用配置备件及时更换，并将元件及时返厂维修的办法为最佳。

从炉底机械液压系统中对元件故障模式与致命度分析得出一些值得注意的问题。表 5-4 和表 5-6 可以综合写成一个表的形式，就可以得出炉底机械液压系统的故障模式效应及致命度分析表，该表不再详细列出。

### 5.2.3 液压设备的维修性设计

设备的维修性是设计出来的[128]，只有在设备设计开发过程中开展维修性分析与设计，才能将维修性设计到设备中。维修性设计的主要方法也分为定性和定量两种，其中维修性的定性设计是最主要的，只要设计人员有维修性的意识和工程经验就能将维修实践中遇到的检测、拆卸、更换与安装等维修性问题的解决途径设计到设备中。液压设备的维修性设计可以从以下原则进行考虑。

(1) 简化设计。进行简化设计是在满足性能要求和使用要求的前提下，尽可能采用最简单的结构和外形，以降低对用户维修人员的技能要求。简化设计的基本原则是尽可能简化产品功能，尽量减少零部件的品种和数量。

(2) 可达性设计。可达性设计是指当设备发生故障进行维修时容易接近需要维修部位的设计。可达性设计的基本要求包括"看得见"——视觉可达；"够得着"——实体可达。

(3) 标准化、互换性与模块化设计。标准化设计指尽量采用标准件有利于零部件的供应储备和调剂，使产品维修更为简便。互换性设计指同种设备或元件在实体上、功能上能够彼此相互替换的性能，可简化维修作业和节约备品规格与采购费用，提高设备维修性。模块化设计有利于实现部件的互换与通用，是提高更换修理速度的有效途径。

(4) 防差错及识别标志设计。防差错设计就是要保证结构或元件只允许装对了才能装得上，装错或装反了就装不上，或者发生差错时就能够立即发现并纠正。识别标志设计就是在设备或零部件上做成标识，便于区别辨认，防止混淆，避免因差错而发生事故，同时也可以提高工效。

(5) 维修安全性设计。维修安全性设计是指能避免维修人员伤亡或设备损坏的一种设计。可能发生危险的部件上，应提供醒目的颜色、标记、警示灯或声响警报等辅助预防手段。

(6) 故障检测设计。设备故障检测诊断是否准确、迅速、简便对维修性有重大影响。因此设计时应充分考虑测试方式、检测设备和测试点配置等一系列问题，以此来提高故障的定位速度。

(7) 维修中的人因工程设计。维修中人的因素工程(简称人因工程)是研究在维修中人的各种因素，包括生理因素、心理因素和人体几何因素与设备的关系，以提高维修工作效率、减轻维修人员疲劳等方面的问题。

液压设备研发中应用著名的参数化机械实体 CAD 软件 Pro/E，进行液压设备的计算机辅助设计，并将维修原则与维修经验融入设计中。软件采用参数化特征建模的设计方法能够极大地提高设计效率，并以立体直观的方式与设计者交互，更改与提高维修性设计十分方便。

结合实施的工程实例进行说明。在液压阀台设备设计中，根据回路的复杂程度，对液压阀台整体布置进行规划，用三个液压阀块对设备进行集成，分为平移回路阀块、升降回路阀块和高压过滤器阀块，并以一个阀台底座支架将三个集成油路块安装与固定。其中，平移回路的集成块设计模型见图 5-4，除了集成块本体采用 20 号锻钢加工制造，其他元件都为外购元件和标准件，集成块本体是该部件的装配核心。

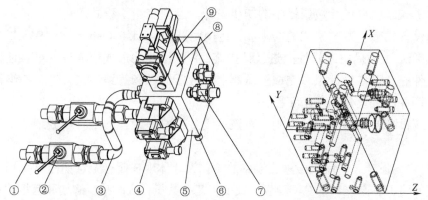

1.截止阀后接头；2.高压截止阀；3.弯头(90°)；4.单向顺序阀；5.油路阀块；
6.阀块连接螺钉；7.进油口管接头；8.压力补偿器；9.比例方向节流阀

图 5-4　平移液压回路的油路阀块设计与装配模型

根据 CAD 软件装配模块中所具有的通用功能，用布尔运算切除实体的操作命令，可直接建立一个单纯的六方体阀块，设置阀块的透明度为 80%，并将液压阀、管接头、法兰和安装螺栓按照国家标准、元件制造商样本等建立模型，然后装配定位到阀块上。阀块设计成型的布尔运算可用式(5-8)进行说明。

$$\begin{cases} J = J_0 - \sum_{i=1}^{3} H_i \\ H_1 = \sum_{j=1}^{n}(X_j + Y_j) \\ H_2 = \sum_{j=1}^{m} Z_j \\ H_3 = \sum_{j=1}^{k} V_j \end{cases} \tag{5-8}$$

式中，$J$——最终阀块结构特征；

$J_0$——阀块六方体拉伸特征；

$H_1$——紧固螺钉螺纹特征 $X_j$ 和底孔特征 $Y_j$ 之和；

$H_2$——液压阀油口孔特征 $Z_j$ 之和；

$H_3$——液压阀定位销特征 $V_j$ 之和。

将式(5-8)中的待切除的油口光孔特征也按照相关标准做成实体，并区分不同的压力工况，标示不同颜色。螺纹特征、螺纹余留长度和钻孔余留深度按 JB/ZQ 4247—1997。如图 5-4 所示，在阀块六方体上分步切除实体特征 $H_1$、$H_2$ 和 $H_3$，可得到阀块的最终结构特征。

用 Pro/E 软件进行液压设备的初步设计，并提交由工程总承包方代表、用户方代表和设备成套厂专家组成的会审团，运用由美国 Alex F. Osborn 于 1941 年提出的头脑风暴法[129]，提出维修性改进设计措施，并以纪要的形式形成设备可靠性维修性控制文件提交设备设计组，完成液压阀台、液压能源和管路连接等设备的维修性细节设计，并产生设备制造施工图。

对应设备的维修性设计原则，对液压设备维修性设计的各种实施细节举例进行说明。

(1)简化设计。炉底机械液压设备的简化设计体现在阀台上，如图 5-4 所示，合理布置回路中各阀安装的空间位置，减少工艺孔数量，从而减少螺堵和盲板法兰零件数目，连接液压缸的 A、B 油口与旁边的盲板法兰采用国家机械标准 JB/ZQ 4187—1997，该标准可以等效于国际标准 ISO6162、美国机械工程师协会标准 SAE J518 和德国西马克公司标准 SN532[130-132]，并采用标准中同一规格的法兰连接，以便于开设同规格的螺栓孔与连接螺栓，维修者用同一把扳手就可以完成装卸作业。

(2)可达性设计。施工中将阀台布置在地下液压泵室中，并将阀台的外部接管向外延伸时弯向地面，贴地表设置固定管夹，阀台定位距四周墙壁都留有 500mm 以上的间隔，为检修人员通行或检修每一个阀台部件提供可达性。

液压设备中调节与操作较为频繁的元件，如溢流阀和顺序阀的手柄和锁紧螺母需要在调试和检修时手动调节，设备中冷却水和吸油口蝶阀以及各个高低压球阀在设备运转发生异常或管路出现泄漏时需要维修者及时关闭，在大修期更换液压油并清理液压油箱时，需要打开箱体上人孔检修法兰和放油螺塞。这些元件与结构都应设置在检修者身体可达的位置。

根据工厂的维修情况，一般将总维修时间划分为行政维修时间和技术维修时间，可以用式(5-9)表示：

$$T = T_1 + T_2 \tag{5-9}$$

式中，$T$——总维修时间；
$T_1$——技术维修时间；
$T_2$——行政维修时间。

技术维修时间包括诊断、拆装、修理、调试等。它与故障维修难度、维修人员技术熟练程度、工具适应程度等有关。行政维修时间包括办理手续、准备工具时间等，还有等待备件与维修人员的时间。影响行政维修时间的因素很复杂，它与备件的供应、修理部门反应能力和管理水平等都有关系。通过液压设备本身的维修可达性设计可以缩短拆装作业的技术维修时间，实践中还提出维修工具与常用备件的现场可达性设计，具体方法是在液压泵室内设备旁，设置两个小柜子，一个专门放置维修工具，如内六角扳手、活动扳手和加力杠杆等；根据液压设备致命度分析的结果，在另一个柜子中专门放置常用的各种规格的 O 形密封圈、组合垫圈、管接头和液压法兰等。工具与备件的可达性，能够保障当液压设备发生泄漏或管路附件松动等故障时，缩短行政维修中准备工具和等待备件的行政维修时间。

同时具有液压设备本身可达性设计和维修工具与备件可达性设计的工程中，做现场拆卸试验，对液压阀台上所有的液压法兰、管接头、液压阀、阀的连接螺栓和密封圈进行拆卸并更换备用新元件，采用 4 位修理人员并行作业的方法，仅用时 16min[78]，拆卸与更换的时间远短于进行可达性设计之前。

(3) 标准化、互换性与模块化设计。液压设备除了油路集成块、阀台支座、油箱本体和油箱泵站底座，全部采用标准的元件。

由于最大限度地采用了标准化，互换性也得到了充分的保障，例如，选用相同通径无位置反馈型电液比例换向阀，派克公司的 TDA 系列和力士乐公司的 WRZ 系列同样满足四通口方向阀安装标准 ISO 4401，因此完全可以互换，为维修备件的选择提供了便利。

在钢管热处理生产线上，淬火炉液压站与回火炉液压站选用同一公司相同型号与规格的主液压泵元件，减少了不同规格的元件储备，也为集中采购节约成本提供了条件。这样设计的好处还体现在没有备件的情况下，可将另一台液压站上的备用泵紧急拆换到发生两台以上主泵损坏的液压站上，完全可以互换。

模块化设计体现在将液压阀台部分、液压能源部分和执行部分分解为独立功能的模块，并便于适应各种炉底机械的安装布局，为炉底机械本体的安装以及液压泵室的土建施工设计都提供了方便与灵活性。

(4) 防差错及识别标志设计。有些工程的施工中为了图方便，在油路集成块上并不钻出液压阀定位销孔，订阀时也不带定位销。造成液压阀反装的事故在作者参与调试的工程中曾经出现。若平移回路中顺序阀 A、B 油口反向安装，则平移缸失去可调节的背压支撑；若回油板式单向阀安装反向，则无法实现回油而卡死平移液压油缸。因此，在实施的工程中都考虑阀的防反装设计，在油路集成块体上开设定位销孔并安装定位销。

在液压阀台外部接口旁的阀体上都打印有油口标识，阀台共有输出接口 7 个，它们是 A1、B1、A2、B2、K、C、D，另有输入接口 3 个，它们是 P、T 和 L。在设备上醒目的地方设立带有液压回路图的铭牌，回路图上的油口编号和实际接口旁打印的标识一一对应，以防负责车间配管施工安装的人员错装误接。

(5) 维修安全性设计。油箱本体上醒目处贴设警示标志，提示非维修专人不得靠近与操作液压设备上的元件，否则会出现事故与意外人身伤害。

将压力管路、回油管路和泄漏管路，用不同颜色的油漆涂敷，压力管路用醒目的红色油漆进行警示，回油管路和泄漏管路压力比较低，该管道用蓝色油漆。

(6) 故障检测设计。设备能源部分中的液位计上带有温度计，当电触点温度表出现故障时，可人工读取温度计上的刻度，判明设备工作的温度情况。在某钢管热处理线的施工中，由于施工工期紧张，在电控设备没有调试完毕时，就起动液压设备进行系统循环，但温度计指示设备温升超过 60℃，不得已紧急停车，查明原因是车间配管时冷却器进水口与回水口错接，造成冷却器无法工作[78]，温度计为故障检测起到了重要的指示作用。

设备中的压力继电器、测压接头与压力表、液位继电器等都是故障检测的重要元件，在系统维修性设计中不可缺省。

(7) 维修中的人因工程设计。在某钢管热处理线的工程中，液压站油箱本体高达 2.2m。空气滤清器通口和回油过滤器都安装于油箱顶面，油箱注油通过滤清器通口完成，设计时未能考虑人因工程，维修者踏上主泵电机方可攀上油箱顶面进行作业，这样做十分费力，尤其在电机工作的时候也很不安全。为了改进这种状态，用 $\phi 28 \times 2.5$ 的液压钢管在油箱侧面焊接了一个直爬梯。这项维修性设计在以后施工的项目中得到了规范和贯彻，参照 GB 1000—1988(以主要百分位和年龄范围的中国成人人体尺寸数据)和 GB/T 13547—1992(工作空间人体尺寸)[133]，设计直爬梯的宽度、第一阶离地高度和阶梯跨距等尺寸。

参照人体尺寸数据与国家标准，设备维修性设计中还重新设计了油箱检修人孔与法兰端盖。为适应人体进入的方便性，并降低加工难度与费用，改圆盘状法兰为方形法兰，并用圆钢筋设置拆卸把手。

## 5.2.4 液压设备故障的能修性划分

由于每个液压系统的用户厂所具有的维修设备与工具、维修团队和技术力量都不尽相同，因此以综合评价自身的维修资源为依据，对液压系统的故障进行可修性分类，具有重要工程意义。这种区分可使得维修者对于系统故障的能修性作出迅速判断，从而能够有效缩短行政维修时间，并保障以自身资源与能力可以进行修理的故障的技术维修时间，有利于排除故障并恢复生产。

实际生产的液压设备中故障在可修性层面分类具有一定程度的模糊性，利于工程实践操作的方法是对于可以列举的液压系统故障汇总并由维修团队按图 5-5 填写。维修实践中重点关注填写在图 5-5 中 A 区的可修故障；对 C 区中满足一定条件成为可修的故障，应明确其可修条件，并在条件成立时将其转入 A 区，成为可修故障；对 B 区中的不可修故障，一经出现，应及时报送与协调外界技术力量进行解决。

图 5-5　液压系统故障的可修性分类

在可修故障的维修实践中，当维修任务繁重，维修团队人员或其他维修资源紧张时，应以故障的维修价值和维修难易程度进行划分，按维修效益进行排序，以期获得最佳维修效果。结合作者在炉底机械液压系统项目中的实践，下面用模糊评分方法给出一种可修故障的评价与排序方法。

由液压系统的维修团队，对可修故障进行维修价值与维修难易程度的评分，建立如表 5-7 所示的评语与打分标准，表中的量化标准可根据具体工程进行调整。

表 5-7　可修故障的评语与打分标准

| 评语 | 分数区间 | 打分标准 |
| --- | --- | --- |
| 故障很容易修理(HH) | 75～100 | 维修时间不超过 1h |
| 故障较容易修理(HL) | 45～85 | 维修时间 1h 以上，不超过 6h |
| 故障较难修理(LH) | 15～55 | 维修时间 6h 以上，不超过 24h |
| 故障很难修理(LL) | 0～25 | 维修时间 24h 以上 |
| 维修价值很高(HH) | 75～100 | 维修可节省重新购置费用 10000 元以上 |
| 维修价值较高(HL) | 45～85 | 维修可节省重新购置费 1000 元以上，不足 10000 元 |
| 维修价值较低(LH) | 15～55 | 维修可节省重新购置费 100 元以上，不足 1000 元 |
| 维修价值很低(LL) | 0～25 | 维修可节省重新购置费不足 100 元 |

可由团队中的每一位成员，对每种可维修故障进行维修价值与维修难易程度的评分。评分时按照打分标准，既可以仅给出评语，也可按百分制给出分值。对于仅给出评语的情况，可依据如图 5-6 所示的模糊评分标尺，取对应隶属度为 1 时的分

值来确定。

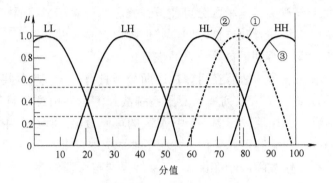

图 5-6 模糊评分标尺与隶属函数

为综合维修价值与难易程度两者所确定的信息，用一个换算系数将两者统一为一个维修效益的评分，计算依据式(5-10)。

$$A_s = \frac{A_1 + K_T \cdot A_2}{1 + K_T} \tag{5-10}$$

式中，$A_1$——维修难易程度评分；

$A_2$——维修价值评分；

$A_s$——维修效益评分；

$K_T$——维修难易程度与价值之间的换算系数。

其中，$K_T$ 表示单位维修时间和维修价值之间的对应关系。按表 5-7 中，若每 1h 的维修时间，所需付出的维修成本相当于 100 元，则 $K_T=1$，可根据具体情况进行调整。

综合整个团队内所有维修专家的评分结果，可得出综合的维修效益评分，在计算过程中，需要考虑各专家的权重，综合维修效益评分按式(5-11)计算。

$$A_s^* = \sum_{i=1}^{n} W_i \cdot A_s \tag{5-11}$$

式中，$A_s^*$——综合维修效益评分；

$W_i$——第 $i$ 位专家的权重。

专家的权重主要是为了对专家的经验与领域内知识进行区分而设立的，一般可考虑专家在领域内的专业工龄、工作职称和所获学历等项目。按分项赋值的方法确定专家的权重(表 5-8)，并进行规一化处理，按式(5-12)计算。

表 5-8　专家权重的分项赋值表

| 项目序号($j$) | 专家分类项目 | 项目权重($W_j$) | 专家分类级别 | 级别权重($W_j^i$) |
|---|---|---|---|---|
| 1 | 专业工龄 | 5 | 从业 20 年以上 | 5 |
| | | | 从业 10~19 年 | 4 |
| | | | 从业 5~9 年 | 3 |
| | | | 从业 5 年以下 | 2 |
| 2 | 工作职位 | 4 | 教授或教授级工程师 | 9 |
| | | | 副教授或高级工程师 | 7 |
| | | | 工程师 | 5 |
| | | | 助理工程师 | 3 |
| | | | 技术员 | 1 |
| 3 | 所获学历 | 3 | 研究生及以上学历 | 4 |
| | | | 大学本科学历 | 3 |
| | | | 大学专科学历 | 2 |
| | | | 中专及以下学历 | 1 |

$$W_i = \frac{\sum_{j=1}^{m}(W_j \cdot W_j^i)}{\sum_{i=1}^{n}\left[\sum_{j=1}^{m}(W_j \cdot W_j^i)\right]} \tag{5-12}$$

式中，$W_j$——项目权重；

$W_j^i$——第 $i$ 个专家在第 $j$ 个项目中的级别权重。

由式(5-10)~式(5-12)，表 5-7 和表 5-8 能确定一组基于模糊方法的可修故障维修效益评分体系，并可算出每种故障的得分，由此确立图 5-6 中线①的中心，依照线①的中心做垂线与线②和线③求交点，得到这一分数的两个隶属函数值 $\mu_2$ 和 $\mu_3$，由图中可见 $\mu_2 > \mu_3$，因此，可将得到这一分数的故障归类于线②对应的效益类别(HL——维修效益较高)。依此类推，将可修故障的效益类别分为：HH——维修效益很高；HL——维修效益较高；LH——维修效益较低；LL——维修效益很低，依据得分数据排序所有的可修故障，作为编制维修计划的依据。由于每个用户的维修团队与维修能力存在很大不同，在此不再列举具体的故障维修效益得分与排序表格。

### 5.2.5　基于实训提高维修人员的可靠性

维修实践中，工作在生产一线并直接同设备打交道的维修人员，是应对紧急突发故障、排除日常事故隐患、降低维修费耗影响维修效果的关键环节。炉底机械液压系统位于地下炉底旁的液压泵室内，相对于轧线上其他生产设备而言，维修人员工作环境更为恶劣（往往存在噪声较大、通风不良、光照程度差、温度较高和油污多尘的现象），空间较为狭小，维修条件也较为艰苦，维修人员在进行作业时所受环境约束如图 5-7 所示。

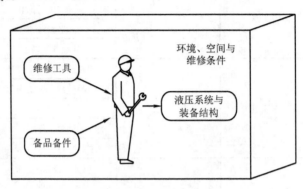

图 5-7　维修人员的可靠性所受约束

环境因素中的不利约束主要靠设计进行改善与解决，而提升维修人员工作效果和可靠性的主要途径可依赖于业务培训。本书列举的工程中，多为新建生产线，车间里招收的多为缺乏实践经验的新毕业学员，且缺乏深厚的液压专业教育背景，单纯的培训讲座由于培训周期短、针对性不强和受训人员基础薄弱等，对他们的实际操作与维修业务能力提高收效甚微。

根据工程实践，本书确立了一种基于"培训-实践-考核"相互渗透与结合提高维修人员可靠性的新方法，并分三个步骤实施。

(1) 利用炉底机械液压系统使用与维修细则，对维修人员进行具体液压系统工作原理、动作过程、使用方法和维修方法的业务培训，培训采用讲授与问答的方式进行，依据艾宾浩斯记忆曲线对需要掌握的维修与操作重点安排时间进行回顾，以利于维修人员理解和记忆[134,135]。培训开展的时间配合施工安装过程，让维修人员了解液压设备的实际安装布局情况与各元件所处的安装位置，并参与部分安装实践工作，以利于将学到的维修技能熟练化。

(2) 运用维修模拟试验进行考核，对于安装完毕即将进入或已经进入调试阶段的炉底机械液压系统，有针对性地模拟并设立系统在实际使用中的多发故障或紧急情况下的故障，对维修人员进行故障应对与维修质量的考核，提高维修人员的应变速度和处理故障的操作能力。

(3) 进行培训与考核效果分析，并对维修人员技能考核情况作出总结，确立后续的业务培训计划、考核目标和制定针对系统大修期的维修人员安排。

采用该措施,收到了较为理想的效果,并得到了工程实践的证实:在某钢铁公司的两条钢管热处理生产线中做了对比试验。共为这两个公司新建了 5 台加热炉,隶属于 3 条生产线。生产线为了扩充维修队伍,新招收液压系统维修与机械系统维修人员共计 108 名,从年龄、受教育程度和工作经验上基本相似,都是南方某技术学校的新毕业学生。

首先对新员工中分配到液压系统维修组的 51 个人(以下称为甲组)进行了培训并参与安装施工,另外的 57 个人接受机械结构维修培训(以下称为乙组)。进入验收与调试阶段分别对两组人员进行维修模拟试验。试验分两部分,第一部分是针对突发故障的应急处理试验,第二部分是故障排除与修理试验。

在第一部分模拟试验中,主要是利用电控系统,向主控制室进行声光报警,并向炉底机械的机旁操纵台与运行状态指示灯上发送故障指示信号(信号类型包括"油液温度过高""油液的液面过低""主油泵入口蝶阀关闭""循环泵入口蝶阀关闭""主回油过滤器堵塞""循环过滤器堵塞""工作压力异常"),由两组人员分别进入炉底液压站,进行应急处理。按照故障正确的应对步骤,设立评分表(作为例子可参照表 5-9 进行设立),记分员在现场进行评测,根据维修人员的操作正确与否,给出相应的分数。最后,累加个人得分和维修组得分的情况,以便于进一步作统计分析。

表 5-9 故障应对情况评分表的部分

| 故障信号属性 | 步骤序号 | 故障排除步骤的描述 | 评分 |
| --- | --- | --- | --- |
| 油液的液面位置过低 | 1 | 确认液压系统的操纵与指示电控箱上"液面低"信号灯亮闪 | 1 |
| | 2 | 靠近液压站能源部分,观察油箱连接液位计,确认液面的下降情况 | 5 |
| | 3 | 确实存在液面下降的故障,按下液压站电控箱上的"总停"按钮开关 | 5 |
| | 4 | 不存在液面下降的故障,取消声光报警信号,并在液位继电器上贴故障标识 | 5 |
| 回油过滤器堵塞 | 1 | 确认液压系统的操纵与指示电控箱上"回油过滤器堵塞"信号灯亮闪 | 1 |
| | 2 | 确认液压站能源部分回油过滤器上堵塞指示灯亮闪 | 3 |
| | 3 | 操纵过滤器上切换球阀,将油液切换到双筒过滤器备用的一侧,并在故障侧贴故障标识 | 5 |

在第二部分模拟试验中,人为设定实际使用中存在的故障,并在故障位置贴标识,由维修人员依次进入炉底液压泵室,现场进行故障的排除处理。主要设立管接

头松脱、管接头 O 形密封圈损坏、液压阀连接螺栓松动、过滤器堵塞、蝶阀与减震喉法兰连接螺栓松动等故障，同样确立故障排除的正确步骤，设立评分表(作为例子可参照表 5-10 进行设立)，同样由记分员评测，并给出得分，以便进行统计分析，与第一部分试验所不同的是，还要对维修者记录其每项故障排除的维修时间。

表 5-10  故障排除情况评分表的部分

| 故障情况 | 步骤序号 | 故障排除步骤的描述 | 评分 |
|---|---|---|---|
| 主管路的管接头泄漏 | 1 | 按下液压站电控箱上的"总停"按钮开关 | 10 |
|  | 2 | 关闭该管接头来油管路上的球阀 | 1 |
|  | 3 | 在管接头下方，设置盛接液压油的小桶 | 2 |
|  | 4 | 旋动管接头的锁紧螺母，判断是螺母连接螺纹失效还是 O 形密封圈失效 | 5 |
|  | 5 | 当确认为 O 形密封圈失效时，拆下旧圈，用液压油浸润并安放好新圈 | 5 |
|  | 6 | 用扳手拧紧管接头的锁紧螺母，锁紧程度适当，禁止使用加长杠杆强力扭紧 | 2 |
| 法兰连接螺栓失效 | 1 | 判断故障是否引起泄漏 | 5 |
|  | 2 | 当故障引起泄漏时，拆卸连接失效的螺栓、螺母和锁紧垫圈 | 2 |
|  | 3 | 判断紧固件是否失效，进行更换，用扳手重新安装并适度拧紧连接螺母 | 2 |

依据评分表中故障处理与排除所列步骤和评分数值，由评委对随机编号进入炉底液压泵室进行维修操作的人员打分，两部分试验进行累加(完成试验所有测试项目满分为 410 分)，并把甲、乙两组人员得分原始记录并排分成两列，得到表 5-11，以便进行统计分析。

表 5-11  维修人员的试验得分原始记录

| 分组 | | 分组 | | 分组 | | 分组 | | 分组 | | 分组 | | 分组 | | 分组 | | 分组 | |
|---|---|---|---|---|---|---|---|---|---|---|---|---|---|---|---|---|---|
| 甲 | 乙 | 甲 | 乙 | 甲 | 乙 | 甲 | 乙 | 甲 | 乙 | 甲 | 乙 | 甲 | 乙 | 甲 | 乙 | 甲 | 乙 |
| 309 | 218 | 320 | 121 | 268 | 252 | 294 | 213 | 310 | 238 | 349 | 182 | 337 | 234 | 292 | 263 |  | 193 |
| 316 | 233 | 297 | 210 | 314 | 186 | 302 | 217 | 321 | 241 | 314 | 254 | 358 | 266 | 333 | 164 |  |  |
| 305 | 195 | 331 | 257 | 333 | 189 | 318 | 187 | 309 | 234 | 291 | 120 | 327 | 203 |  | 209 |  |  |
| 318 | 264 | 304 | 183 | 323 | 207 | 310 | 214 | 308 | 250 | 292 | 235 | 368 | 194 |  | 186 |  |  |
| 286 | 202 | 289 | 230 | 280 | 174 | 345 | 170 | 372 | 211 | 311 | 223 | 304 | 289 |  | 148 |  |  |
| 304 | 134 | 327 | 165 | 345 | 130 | 294 | 264 | 338 | 204 | 286 | 242 | 366 | 214 |  | 204 |  |  |
| 358 | 189 | 333 | 215 | 359 | 275 | 285 | 251 | 329 | 307 | 335 | 219 | 332 | 225 |  | 226 |  |  |

对现场维修人员的试验得分样本进行总体分布拟合。作出数据的直方图，依据直方图的走势用样条曲线进行逼近，如图 5-8 所示。可据此预测试验的两组人员得分情况服从正态分布。

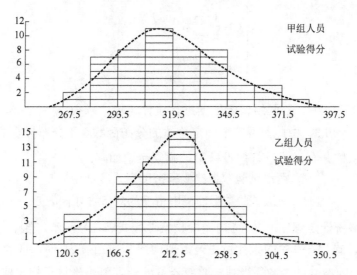

图 5-8　维修人员试验得分的样本直方图

由此可作如下假设，即甲、乙两组人员的操作试验得分的概率密度函数见式 (5-13)，式中 $\mu_A$、$\mu_B$ 分别是甲、乙两组的总体均值，$\sigma_A^2$、$\sigma_B^2$ 分别是甲、乙两组的总体方差。

$$\begin{cases} f(x_A;\mu_A,\sigma_A^2) = \dfrac{1}{\sqrt{2\pi}\sigma_A}\exp\left[-\dfrac{1}{2\sigma_A^2}(x_A-\mu_A)^2\right] \\ f(x_B;\mu_B,\sigma_B^2) = \dfrac{1}{\sqrt{2\pi}\sigma_B}\exp\left[-\dfrac{1}{2\sigma_B^2}(x_B-\mu_B)^2\right] \end{cases} \quad (5\text{-}13)$$

用极大似然估计法，对两个总体的未知参数进行估计，可得似然函数为

$$L(\mu,\sigma^2) = \prod_{i=1}^{n}\dfrac{1}{\sqrt{2\pi}\sigma}\exp\left[-\dfrac{1}{2\sigma^2}(x_i-\mu)^2\right] \quad (5\text{-}14)$$

两边取自然对数可得

$$\ln L(\mu,\sigma^2) = -\dfrac{n}{2}\ln(2\pi) - \dfrac{n}{2}\ln\sigma^2 - \dfrac{1}{2\sigma^2}\sum_{i=1}^{n}(x_i-\mu)^2 \quad (5\text{-}15)$$

令式 (5-15) 偏导数为零，可得

$$\begin{cases} \dfrac{\partial}{\partial \mu}\ln L(\mu,\sigma^2) = \dfrac{1}{\sigma^2}\left[\sum_{i=1}^{n}x_i - n\mu\right] = 0 \\ \dfrac{\partial}{\partial \sigma^2}\ln L(\mu,\sigma^2) = -\dfrac{n}{2\sigma^2} + \dfrac{1}{2(\sigma^2)^2}\sum_{i=1}^{n}(x_i-\mu)^2 = 0 \end{cases} \quad (5\text{-}16)$$

由式 (5-16) 第一式解出 $\hat{\mu}$，代入式 (5-16) 第二式解出 $\hat{\sigma}^2$，可得

$$\begin{cases} \hat{\mu} = \dfrac{1}{n}\sum_{i=1}^{n} x_i \\ \hat{\sigma}^2 = \dfrac{1}{n}\sum_{i=1}^{n}\left(x_i - \dfrac{1}{n}\sum_{i=1}^{n} x_i\right) \end{cases} \tag{5-17}$$

用式(5-17)对甲、乙两组试验数据进行统计运算,求得 $\mu_A$ =318.6、$\mu_B$ =212.7、$\sigma_A^2$ =24.7、$\sigma_B^2$ =40.3,由此,可完全确定总体的分布函数。用分布拟合的 $\chi^2$ 检验法,对所确定的总体分布形式进行假设检验,确立命题如下:

$$\begin{cases} H_0 : \text{两组试验数据的概率密度为式}(5\text{-}13)\text{成立} \\ H_1 : \text{两组试验数据的概率密度为式}(5\text{-}13)\text{不成立} \end{cases} \tag{5-18}$$

根据概率统计定理[136,137],可构造检验条件如式(5-19)所示。当样本数据充分大($n \geq 50$)时,式(5-19)中的统计量总是近似地服从自由度为 $k-r-1$ 的 $\chi^2$ 分布,其中 $r$ 是被估计的参数的个数,当被检验统计量的计算值小于等于规定值 $\chi_0^2$ 时,原命题成立。经计算原命题 $H_0$ 为真,即试验数据符合正态分布。

$$\chi^2 = \sum_{i=1}^{k} \dfrac{(f_i - np_i)^2}{np_i} \leq \chi_0^2 \tag{5-19}$$

式中,$f_i$——数据落在直方图第 $i$ 区段的频数;

$p_i$——待检验分布概率密度函数在直方图第 $i$ 区段计算可得概率。

由甲、乙两组人员模拟试验得分的考核情况可以看出,无论是个人得分均值还是整组得分均方误差,甲组都比乙组优异。由此可见,对维修人员进行"培训-试验-考核"的措施,可以大幅度提升维修人员对故障的应对与排除能力,提高其作业中的可靠性。通过维修试验中观测维修人员调用维修工具与零件备品的情况,并分析维修时间的组成后,在炉底机械液压站旁设立了常用维修工具箱和常用备品零件箱,以利于系统投产运行后维修人员使用上的方便,可有效节约行政维修时间,也为用户单位对维修人员技能考核提供了较为客观的依据。

### 5.2.6 利用预防性大修抑制液压设备失效率

故障率 $\lambda(t)$,是指使用到某时刻尚未发生故障的设备,在该时刻内发生故障的概率。它作为衡量设备可靠性的重要数量指标,表示的是一个条件概率。这里所说的条件,是指使用到某时刻尚未发生故障。

设有 $n$ 个设备,到时刻 $t$ 发生故障的子样数为 $N_f(t)$,那么其无故障而完好工作的子样数为 $n - N_f(t)$,若在下一个连续工作的 $\Delta t$ 时间内,有 $\Delta N_f(t)$ 个子样出现故障,则下一个连续工作的单位时间内的故障数为 $\Delta N_f(t)/\Delta t$,那么故障率 $\lambda(t)$ 为

$$\lambda(t) = \lim_{n\to\infty, \Delta t\to 0} \frac{\Delta N_f(t)}{[n-\Delta N_f(t)]\Delta t}$$

$$= \lim_{n\to\infty, \Delta t\to 0} \frac{\Delta N_f(t)}{n\Delta t} \cdot \frac{1}{\left[1-\dfrac{\Delta N_f(t)}{n}\right]} \quad (5\text{-}20)$$

$$= f(t)\frac{1}{1-F(t)} = \frac{f(t)}{R(t)}$$

由于按定义计算故障率比较困难，所以工程中通常用平均故障率的观察值予以替代[65]。平均故障率的观察值，是指设备在规定的考察时间内，故障发生次数与累计作业时间之比，其数学表达式为

$$\lambda = \frac{\sum_{i=1}^{n} m_i}{\sum_{i=1}^{n} Q_i} \quad (5\text{-}21)$$

式中，$\lambda$——平均故障率的观测值；

$\sum_{i=1}^{n} m_i$——考察时间内，设备发生故障的次数；

$\sum_{i=1}^{n} Q_i$——考察时间内，设备的累计作业时间。

工程上常见的故障概率函数可归纳为3种类型，它们分别是故障率递减型、故障率常数型和故障率递增型，见图5-9。

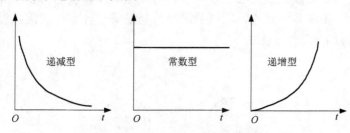

图5-9 常见的故障率函数 $\lambda(t)$ 类型

大量研究和长期实践结果表明，复杂系统或设备的故障率 $\lambda(t)$ 曲线呈如图5-10所示的走向，即其故障率在不同的使用时间取不同的故障率类型，出于明显的几何方面的原因，该曲线常称为"浴盆曲线"。

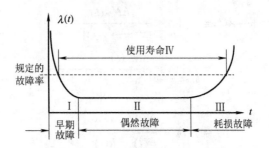

图 5-10 失效率的"浴盆曲线"

该曲线的左边 I 为早期故障期。对液压设备而言存在这样一个时期,开始工作之初,由于设备在设计、制造、安装和调试等方面存在缺陷而发生早期故障。在此期间设备的故障率 $\lambda(t)$ 随时间而迅速下降,属于故障率递减型。对已投入使用的设备,使早期故障率降低的有效途径是加强跑合期的使用、维护、管理并严格遵守有关的设备跑合规定。浴盆曲线的 II 和 III 部分,分别为偶然故障期和耗损故障期。偶然故障期 $\lambda(t)$ 变化趋于稳定,接近常数,属于故障率常数型;耗损故障期 $\lambda(t)$ 随时间而上升,属故障率递增型。工程中通过对故障率 $\lambda(t)$ 的定量控制,得到浴盆曲线图中的 IV 部分,这部分是设备的使用寿命期。

按照对设备故障率的控制策略不同,可将设备故障的维修分为三类,即故障后维修、预防性维修和视情维修。

**1. 故障后维修**

依据故障的偶发性,当炉底机械的液压设备出现故障后,为恢复其功能而进行的维修称为故障后维修。因为液压设备在何时发生故障,发生什么故障,都是事前预计不到的,存在很多偶然性,所以故障后维修是难以计划的。液压设备的故障后维修可用图 5-11 的状态转移表示。

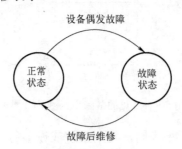

图 5-11 故障后维修状态转移图

## 2. 预防性维修

为防止液压设备的性能退化或降低设备失效率,按事前规定的计划或相应技术条件的规定进行的维修称为预防性维修。从浴盆曲线上看,当选择在设备进入耗损期的开始时刻进行预防性维修,更换有开始失效症候的液压元件,能有效地延长液压设备的使用寿命,如图 5-12 所示,$S_1$ 曲线表示无预防性维修时的情况,$S_2$ 表示有预防性维修的情况。

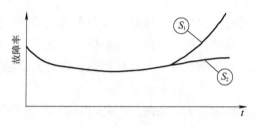

图 5-12 预防性维修对设备故障率的影响

## 3. 视情维修

依托测试技术、仪器、信号分析与计算机技术的发展与应用,以设备的状态检测技术和故障诊断技术为基础的视情维修得到广泛的发展与应用。该技术首先应用于飞机上[138,139],不但降低了故障率,也降低了维修费用,并增加了用户安全感。

将视情维修技术全面应用于炉底机械液压系统的维修中,实践上则存在较大难度。一方面生产车间不具备类似于实验室的完善的测试装备,另一方面也缺乏经验丰富的视情维修专业人员。根据生产车间的实际情况,可以有针对性地采用视情维护措施进行设备的监测与维修。

对液压设备能源部分进行视情维护,主要措施如下:根据实际情况为主液压泵与循环泵的电机轴承补充润滑油;观测和记录电机的自带冷却风扇工作情况,并感知和记录电机外壳发热情况;观测和记录每台液压泵配置的压力表读数情况,出现微小偏差时要及时调整电磁溢流阀的设定压力,回到预设数值,调整后对电磁溢流阀调整螺母严格进行锁紧;观测和记录液压泵外壳温升情况,以及液压泵-联轴器-电机所构成的旋转组件产生噪声的情况;从液压泵泄漏油管快速接头采集作为工作介质的液压油样,进行颗粒度分析、铁谱分析和氧化程度分析,对分析所得数据进行记录。

对液压设备控制部分进行视情维护,主要措施如下:检查液压法兰、管接头的连接情况,是否有漏油渗油现象;检查各球阀和截止阀的操纵手柄是否连接可靠并活动自如；检查并记录压力表的读数情况；检查压力阀(如顺序阀)的操作手轮是否安全锁紧，开锁后是否可以灵活地进行调节。

对液压设备执行部分进行视情维护，主要措施如下：检查液压缸防尘罩的损坏情况，其是否能有效保护液压缸杆的伸出部分，若破损严重则需更换；检查液压缸耳轴轴套的使用情况，是否出现较大的变形与间隙，若已经影响炉底机械工作的平稳性则应立即更换；检查液压缸排气阀和缓冲调节等部位的密封与可调节情况，出现渗漏应及时更换密封件。

工程中若单纯采用被动的故障后维修，即直到发生故障再进行修理，将引起代价十分高昂的停机停产损失。例如，热轧线的板坯步进式炉底机械液压设备停机，将引起整条生产线的所有轧钢设备进入待轧状态，由此为企业带来巨大的产能与利润损失。

对钢管步进式炉底机械的液压系统，可举采用故障后维修某厂的事例进行说明：该液压设备经设计、制造、安装与调试，顺利进入生产，当设备工作到约8000h的时候，电液比例阀发生故障，维修人员并未细致分析原因，更换了电液比例阀备件继续生产，但时隔不到1个月同样的故障再次发生，备用阀也产生了失效故障。当时送去维修的阀还未返回，生产不得已而停顿。厂领导组织紧急技术会议反复讨论解决方案，最后采纳了一位高级技师的应急方案，用具有相同通径与安装面的普通液压换向阀取代故障比例阀，为了实现调速功能，在回路中插入一个叠加双向节流阀，经调定临时恢复了生产，由于无法有效实现不同工况的低速与高速要求，设备工作的循环周期时间延长，生产总效率下降了大约40%，且对炉底机械的冲击加大，故障造成整条热处理生产线停产7h，直接产能损失达十多万元。这组临时代用的阀，一直工作到送修的比例阀返回，并查明故障是由于从调试跑合到生产使用过程中一直没有更换液压油，也没有检测油液的污染情况，油液已经超过了电液比例阀所能承受的污染程度，因此更换的新比例阀也快速地失效。通过这一事件，该厂吸取教训，对液压系统的预防性维护工作高度重视，开展了严格的抽样检测油液污染情况的工作。

作者提出利用轧线主要生产设备大修的同时，组织更换液压系统的工作油液，拆卸更换控制阀组中的普通液压阀，并用普通液压阀临时取代较精密的比例阀，在线冲洗。以这样的预防性大修来降低液压系统的故障率，达到"修旧如新"的维修目的。

为了实现所需要的预防性大修措施，如图5-13所示，拆卸与更换所有液压阀，通过控制阀组出管位置预留的三通口，接入循环冲洗用液压胶管，短接执行液压缸，起动液压泵组和临时阀组进行系统循环冲洗和油液过滤，然后换入新比例阀，拆卸冲洗软管并为三通管接头安装管帽与螺塞，调试系统并恢复生产。对拆卸下来的普通液压阀和比例阀进行清洗与性能测试，性能合格的元件作为下次预防性大修的更换备用元件。如图 5-12 中 $S_2$ 曲线所示，可以将故障率保持为常数，这样控制阀组故障分布满足偶发型故障指数分布。

通过预防性维护可有效地抑制控制阀组故障率的增大。该措施在为印度尼西亚、鞍山和湖北实施的步进式炉底机械液压系统工程实践中采用，收到了良好的使用效果[78]（见附表 A-1 列举的工程）。

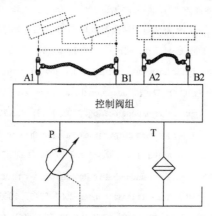

图 5-13　控制阀组的预防性维护

## 5.3　本章要点回顾

本章论述了作者结合炉底机械液压系统的施工实践，运用流程再造提出了一整套适用于总承包工程中炉底机械及类似装备液压控制系统的可靠性管理新方法，结合所实施的工程，进行了具体分析与实践。依据液压系统任务可靠度指标进行施工验收，划定了可修系统故障范围，并提出了一种基于"培训-试验-考核"相结合的措施，达到了提高用户方维修人员作业可靠性的目的，并经模拟试验进行了验证。

本章还剖析了炉底机械液压系统控制部分的故障模式及失效机理，对系统的致命度作出分析，得出针对致命程度不同的分类故障的维护策略与日常维护措施。还根据工程故障事例，提出了利用预防性大修抑制液压系统失效率的办法，并将其运用于多项工程中，收到了良好效果。

# 参 考 文 献

[1]年鉴编辑部. 2015中国钢铁工业年鉴冶金. 北京: 冶金工业出版社, 2015: 174-183

[2]武文斐, 陈伟鹏. 冶金加热炉设计与实例. 北京: 化学工业出版社, 2008: 5-29

[3]陈光明, 王炳坤, 吕福明. 冶金装备国产化遇瓶颈. 瞭望, 2006, (49): 48-49

[4]JIANG J. An application of AI control strategy to a walking beam reheating furnace. Computers in industry, 1989, 13(3): 253-259

[5]李芳, 曾良才. 步进梁式加热炉速度控制系统研究. 液压与气动, 2004, (9): 56-59

[6]傅连东, 陈奎生. 基于电液比例技术的步进加热炉速度控制系统. 液压与气动, 2007, (1): 53-54

[7]朱新才, 赵静一. 液压步进加热炉锥阀控制系统. 液压与气动, 1998, (4): 22-23

[8]DAN E. Walking beam furnaces for high temperature sintering. Metal powder report, 1994, 49(2): 20-21

[9]JAKLIC A, KOLENKO T, ZUPANCIC B. The influence of the space between the billets on the productivity of a continuous walking-beam furnace. Applied thermal engineering, 2005, 25(5): 783-795

[10]MAN Y K. A heat transfer model for the analysis of transient heating of the slab in a direct-fired walking beam type reheating furnace. International journal of heat and mass transfer, 2007, 50(19): 3740-3748

[11]SANG H H, SEUNG W B, MAN Y K. Transient radiative heating characteristics of slabs in a walking beam type reheating furnace. International journal of heat and mass transfer, 2007, 52(3): 1005-1011

[12]朱汉生, 胡诚, 李芳. 步进加热炉升降系统故障诊断. 液压与气动, 2005, (5): 78-80

[13]中冶东方公司市场研究部技术信息科. 冶金技术信息综合分析报告2003版. 包头: 中冶东方公司, 2003: 15-26

[14]SEUNG W B. Walking beam furnace caters for customer needs. Metal powder report, 1991, 46(2): 94-105

[15]舒振华, 赵星魁. 基于蚁群神经网络的耐热钢管热处理工艺优化. 金属热处理, 2008, 33(3): 101-104

[16]赵静一. 10MN水压机控制系统更新及可靠性研究. 哈尔滨: 哈尔滨工业大学博士学位论文, 2000: 4-59

[17]LIPOW M, LLOYD D K. Reliability evaluation of large solid rocket engines during engineering development. Planetary and space science, 1961, 7: 217-229

[18]SALEH J H, MARAIS K. Highlights from the early (and pre-) history of reliability engineering. Reliability engineering & system safety, 2006, 91(2): 249-256

[19]ZIO E. Reliability engineering: Old problems and new challenges. Reliability engineering & system safety, 2009, 94(2): 125-141

[20]盐见弘. 信赖性技术. 东京: 日本信赖性文献集, 1978: 46-381

[21]高木升. 信赖性技术的国际动向. 日本电子通信学会志, 1976, 56(4): 35-41

[22]市田嵩, 铃木和幸. 可靠性分布与统计. 郭建, 译. 北京: 机械工业出版社, 1988: 71-152

[23]野中保雄. 可靠性数据的搜集与分析方法. 金钟, 译. 北京: 机械工业出版社, 1988: 32-95

[24]DAN M F, MAUTE K. Life-cycle reliability-based optimization of civil and aerospace structures. Computers & structures, 2003, 81(7): 397-410

[25]穆志纯. 热带钢轧制速度和厚度控制的计算机仿真研究. 系统仿真学报, 1995, 7(1): 17-21

[26]王超,王金. 机械可靠性工程. 北京: 冶金工业出版社, 1992: 58-99

[27]刘惟信. 机械可靠性设计. 北京: 清华大学出版社, 1996: 21-63

[28]张功学. 转子-轴承系统可靠性中几个关键问题的研究. 西安: 西安交通大学博士学位论文, 2003: 2-26

[29]WASTI S N, LIKER J K. Risky business or competitive power? Supplier involvement in Japanese product design. Journal of product innovation management, 1997, 14(5): 337-355

[30]瑟里岑 T A. 液压和气动传动装置的可靠性. 曾德尧, 译. 北京: 国防工业出版社, 1989: 95-271

[31]巴史塔 T M, 鲁让 B M, 扎奥尼珂夫斯基 Γ N, 等. 飞行器液压系统可靠性. 阎志敏, 王建军, 译, 北京: 航空工业出版社, 1992: 1-174

[32]许耀铭. 液压可靠性工程基础. 哈尔滨: 哈尔滨工业大学出版社, 1991: 141-196

[33]王少萍. 工程可靠性. 北京: 北京航空航天大学出版社, 2000: 20-147

[34]李军, 付永领, 王占林. 一种新型机载一体化电液作动器的设计与分析. 北京航空航天大学学报, 2003, 29(12): 1101-1104

[35]李运华, 王占林. 机载智能泵源系统的开发研制. 北京航空航天大学学报, 2004, 30(6): 493-497

[36]欧阳小平, 徐兵, 杨华勇. 液压变压器及其液压系统中的节能应用. 农业机械学报, 2003, 34(4): 100-104

[37]吕宏庆. 平台式电液伺服系统的理论与实践研究. 重庆: 中国人民解放军后勤工程学院博士学位论文, 2000: 1-79

[38]吴百海, 肖体兵, 龙建军, 等. 深海采矿装置的自动升沉补偿系统的模拟研究. 机械工程学报, 2003, 39(7): 128-133

[39]ZHAO J Y, CHEN Z R, WANG Y Q, et al. Reliability analysis of the primary cylinder of the 10MN hydraulic press. Chinese journal of mechanical engineering, 2000, 13(4): 295-300

[40]ZHAO J Y, GAO Y J, ZHANG Q S, et al. Renovation of 1000T water press control system and reliability research. The 1st International Conference on Mechanical Engineering (ICME 2000). Shanghai: World Publishing Corporation, 2000: 605-606

[41]ZHAO J Y, ZHANG Q S, YAO C Y, et al. The renovation of hydraulic press by combination of cartridge valves and programmable controller. The 5th International Conference of Fluid Power Transmission and Control. Hangzhou: International Academic Publishers Ltd., 2001, 4: 504-506

[42]MA B H, ZHAO J Y, QIU L H. The application of the fuzzy reliability in the hydraulic cylinder design. The 5th International Conference of Fluid Power Transmission and Control. Hangzhou: International Academic Publishers Ltd., 2001, 4: 173-175

[43]姚成玉. 液压机液压系统的模糊可靠性研究. 秦皇岛: 燕山大学博士学位论文, 2006: 3-15

[44]YAO C Y ZHAO J Y. Reliability-based design and analysis on hydraulic system for synthetic rubber press. Chinese journal of mechanical engineering, 2005, 18(2): 159-162

[45]YAO C Y, ZHAO J Y, WANG Y Q, et al. Reliability design for coaler anchorage device and PLC control // Proceedings of the Sixth International Conference on Fluid Power Transmission and Control (ICFP 2005). International Academic Publishers. Hangzhou: World Publishing Corporation, 2005: 50-52

[46]王智勇. 900吨运梁车新型电液控制系统研究与工程实践. 秦皇岛: 燕山大学博士学位论文, 2007: 20-67

[47] WANG Z Y, ZHAO J Y, WANG Y C. The digital simulation and practice of hydraulic steering system for trolley 900 ton // Proceedings of the Sixth International Conference on Fluid Power Transmission and Control (ICFP 2005). Hangzhou: International Academic Publishers Ltd, 2005: 150-152

[48] 李侃. 自行式全液压载重车电液控制系统设计及关键技术研究. 秦皇岛: 燕山大学博士学位论文, 2008: 3-19

[49] LI K, ZHAO J Y, WANG Z Y, et al. Hydraulic driving system for special heavy vehicles and fault tree analysis//Proceedings of the Fifth International Symposium on Fluid Power Transmission and Control (ISFP 2007). Beidaihe: World Publishing Corporation, 2007: 404-408

[50] ZHAO J Y, WANG Y Q. Experimental study on influence of supplied pressure fluctuation on output characteristic of pressure control system of rolling mill. Chinese journal of mechanical engineering, 1998, 11(2): 152-158

[51] ZHAO J Y, CHEN Z R, WANG Y Q, et al. The development and prospect of hydraulic reliability engineering. The 5th International Conference of Fluid Power Transmission and Control. Hangzhou: International Academic Publishers Ltd, 2001, 4: 404-410

[52] ZHAO J Y, ZHANG Q S, HUANG Y W, et al. Design and practice of new hydraulic control system in filter press. The Conference on ISFP 03. Wuhan: World Publishing Corporation, 2003, 4: 318-322

[53] ZHAO J Y, ZHANG Q S, WANG Z Y. Fault analysis and elimination for prefill valve in horizontal fix. The Conference on ISFP 03. Wuhan: World Publishing Corporation, 2003, 4: 210-216

[54] ZHAO J Y, ZHANG Q S, LI K, et al. Investigation of oil contamination monitoring system based on especial filter membrane//Proceedings of the Sixth International Conference on Fluid Power Transmission and Control (ICFP 2005). Hangzhou: International Academic Publishers Ltd, 2005: 637-641

[55] ZHAO J Y, CHEN Z R, WANG Y Q, et al. The development and prospect of hydraulic reliability engineering. Proceedings of the 5th International Conference of Fluid Power Transmission and Control. Hangzhou: International Academic Publishers Ltd, 2001: 404-410

[56] ZHANG Q S, ZHAO J Y, TONG H, et al. Experiment demonstrating of oil contamination on-line monitoring system based on the filter membrane and fill-up method theory//Proceedings of the Sixth International Conference on Fluid Power Transmission and Control (ICFP 2005). Hangzhou: International Academic Publishers Ltd, 2005: 632-636

[57] ZHANG Q S, ZHAO J Y, LI S L. Study on an on-line monitoring method of oil contamination. The 5th International Conference of Fluid Power Transmission and Control. Hangzhou: International Academic Publishers Ltd, 2001, 4: 493-495

[58] 赵静一, 张齐生, 王智勇, 等. 卧式轮轴压装机新型液压系统研制及可靠性分析. 燕山大学学报, 2004, 28(5): 377-379

[59] ZHANG Q S, ZHAO J Y, LI S L. Why oil needs on-line monitoring. The 5th International Conference of Fluid Power Transmission and Control. Hangzhou: International Academic Publishers Ltd, 2001, 4: 521-523

[60] YAO C Y, ZHAO J Y, WANG W. Modelling, control strategies and applications for alternating-flow hydraulic system//Proceedings of the Sixth International Conference on Fluid Power Transmission and Control (ICFP 2005). Hangzhou: International Academic Publishers Ltd, 2005: 228-233

[61] YAO C Y, ZHAO J Y, CHEN D N. Design of electro-hydraulic control system for walking beam mill furnace//Proceedings of the Sixth International Conference on Fluid Power Transmission and Control (ICFP 2005). Hangzhou: International Academic Publishers Ltd., 2005: 713-716

[62] WANG Y S, WANG Y Q, JIANG W L, et al. Research on pneumatic-hydraulic multi-channel synchronal loading control system. ICFP 2005. Hangzhou: International Academic Publishers Ltd., 2005: 271-275

[63] HUANG Y W, WU X H, ZHAO J Y, et al. Sensitivity analysis for rolling process based on support vector machine. Chinese journal of mechanical engineering, 2005, 18(2): 271-274

[64] ELLINGWOOD B R. Probability-based codified design: past accomplishments and future challenges. Structural safety, 1994, 13(3): 159-176

[65] 敖长林. 基于人工神经网络的拖拉机使用可靠性研究. 哈尔滨: 东北农业大学博士学位论文, 2000: 5-85

[66] ПРОКОФЬЕВ В Н, КАЗМИРЕНКО В Ф. Проектирование и расчет автономных приводов. Масква: Машыностроение, 1978: 198-245

[67] ПРОНИКОВ А С. Надежность машин. Масква, Издательство Наука, 1978: 310-322

[68] ШАРАКШАН А СЙ, ЖЕЛЕЗНОВ И Г, ИВНИЦКИЙ В А Сложные системы. Масква: Высшая школа, 1977: 231-248

[69] ВОЛКОВ Е Б, СУДАКОВ Р С, СЫРИЦЫН Т А. Основы теории надежности ракетных двигателей. Масква: Машыностроение, 1974: 378-413

[70] 海恩 A H. 流体动力系统的故障诊断及排除. 北京: 机械工业出版社, 2000: 15-221

[71] Rexroth Corporation. Hydraulic power training material: first volume—hydraulic transmission and hydraulic component. Berlin: Bosch Corporation Teaching Center, 2003: 1-315

[72] Rexroth Corporation. Hydraulic power training material: second volume—technology for electro-hydraulic proportional valves and servocontrol valves. Berlin: Bosch Corporation Teaching Center, 2003: 1-285

[73] 成大先. 机械设计手册: 第4卷. 北京: 化学工业出版社, 2002: 700-714

[74] 孙凝生. 冗余设计技术在运载火箭飞行控制系统中的应用(一). 航天控制, 2003, 21(1): 65-81

[75] 松本幸男. 液压装置的维护管理与故障处理. 北京: 冶金工业部《设备冶金》编辑部, 1985: 1-171

[76] 刘延俊. 液压系统使用与维修. 北京: 化学工业出版社, 2006: 1-253

[77] 郑国伟. 机械设备维修问答丛书——液压与气动设备维修问答. 北京: 机械工业出版社, 2002: 1-455

[78] 科技情报档案室. 步进式加热炉总承包设备管理服务纪要(2)~(5)分册. 包头: 中冶东方公司包头钢铁设计研究总院, 2001~2008

[79] SINGER D. Use of the Weibull model for lactococcal bacteriophage inactivation by high hydrostatic pressure. IEEE transactions on reliability, 1980, (19): 312-321

[80] 陈兆能, 王均功, 余经洪. 25SCY14B-1B型轴向柱塞泵失效机理研究及寿命提高. 上海交通大学学报, 1994, 28(2): 31-38

[81] 汤胜道. n中连续取k失效系统及相关系统的可靠性分析. 南京: 东南大学博士学位论文, 2006: 3-88

[82] TANG S D, WANG F Q. Reliability analysis for a repairable parallel system with time-varying failure rates. Applied mathematics-A journal of china universities, 2006, 46(5): 45-51

[83] DORIA A. Structural safety//4 th International Conference on Application of Statistics and Probability in Soil and Structural Engineering. Firenze: University di Firenze, 1983

[84] CORNELL C A. Bounds on the reliability of structure system. J. struct. div. , ASCE, 1967, 93: 149-157

[85] 张健. 运用矩阵方法确定主应力. 江苏广播电视大学学报, 2002, 13(3): 58-60

[86] 高闯, 张衍志, 魏薇. 再论虎克定律的验证. 高等继续教育学报, 2004, 17(5): 38-39

[87] HUANG H N, YANG J, GOTO M, et al. Young's modulus of sintered materials for structural machine parts. J. Jpn. soc. powder and powder metallurgy, 1998, 45: 896-900

[88] NORIMITSU H, JUNICHI A, AKIRA F, et al. Poisson's ratio of sintered materials for structural machine parts. Powder metallurgy technology, 2009, 27(3): 226-232

[89] GERCEK H. Poisson's ratio values for rocks. International journal of rock mechanics and mining sciences, 2007, 44(1): 1-13

[90] 乔正, 郑治国, 史宣琳. DASP 在建筑抗震能力评估中的应用, 科学技术与工程, 2007, 7(15): 3964-3966

[91] 应怀樵. 虚拟仪器的研发方向——"六高"的虚拟仪器库时代, 2007, 26(6): 174-177

[92] 龙英, 滕召金, 赵福水. 有限元模态分析现状与发展趋势. 湖南农机, 2009, 4: 27-28

[93] WU F X, WU H, HAN Z X, et al. Validation of power system non-linear modal analysis methods. Electric power systems research, 2007, 77(10): 1418-1424

[94] LIN R M, LIM M K. Modal analysis of close modes using perturbative sensitivity approach. Engineering structures, 1997, 19 (6): 397-406

[95] 白旭, 张丹. 智能虚拟控件在虚拟仪器设计中的实现, 2009, 16(5): 43-44

[96] PATUZZI R B, O' BEIRNE G A. Boltzmann analysis of CM waveforms using virtual instrument software. Hearing research, 1999, 133(2): 155-159

[97] TANG J L, XU R N, CHEN H G, et al. Virtual instrument for controlling and monitoring digitalized power supply in SSRF. Nuclear science and techniques, 2006, 17( 3): 129-134

[98] 李龙飞, 丁永生. 基于机织结构的柔性应变传感器的设计与分析. 传感技术学报, 2008, 21(7): 1132-1136

[99] 张志通. 电阻应变传感器的补偿技术. 北华航天工业学院学报, 2009, 19(1): 21-24

[100] 王开顺, 张仁厚, 王鑫. 固体力学中的应力与应力圆. 黑龙江水利科技, 2008, 36(4): 66

[101] 李妍, 孟广伟, 尹新生, 等. 砌体本构关系的研究进展. 吉林建筑工程学院学报, 2009, 26(4): 5-8

[102] BEAUSSART A J, HEARLE J W S, PIPES R B. Constitutive relationships for anisotropic viscous materials. Composites science and technology, 1993, 49(4): 335-339

[103] CHEN B, PENG X H, NONG S N, et al. An incremental constitutive relationship incorporating phase transformation with the application to stress analysis for the quenching process. Journal of materials processing technology, 2002, 122( 2): 208-212

[104] 陈钢, 洪媛. 用 Mises 屈服条件求简支圆板在线性和均布荷载共同作用下的极限荷载. 辽宁大学学报, 2004, 31(4): 302-305

[105] EASON G. Velocity fields for circular plates with the von Mises yield condition. Journal of the mechanics and

physics of solids, 1958, 6(3): 231-235

[106]PONTER A R S, ENGELHARDT M. Shakedown limits for a general yield condition: implementation and application for a Von Mises yield condition. European journal of mechanics - A/solids, 2000, 19(3): 423-445

[107]王亚, 朱瑞林. Tresca 和 Mises 屈服条件间的关系. 化工装备技术, 2001, 22(4): 33-34

[108]何巨东, 李会杰, 邓斌, 等. 基于应力-强度干涉理论的接触网零部件可靠性计算. 机械研究与应用, 2008, 21(2): 83-85

[109]崔秀林. 机械可靠性设计中应力与强度干涉理论的应用. 机械设计, 1998, 15(3): 32-33

[110]施灵. 应力-强度干涉理论在战术导弹固体发动机结构可靠性评估中的应用. 固体火箭技术, 1994: 17(4): 30-34

[111]卢玉明. 机械零件的可靠性设计. 北京: 高等教育出版社, 1989: 13-345

[112]盐见弘. 可靠性工程基础. 北京: 科学出版社, 1982: 25-152

[113]田义宏, 邱杰. 第三方可靠性试验与评估的尝试及探讨. 强度与环境, 2007, 3(6): 57-61

[114]TANAKA H, FAN L T, LAI F S, et al. Fault-tree analysis by fuzzy probability. IEEE transactions on reliability, 1983, (32): 453-457

[115]SINGER D. A fuzzy set approach to fault tree and reliability analysis. Fuzzy sets and systems, 1990, (34): 145-155

[116]MISRA K B, WEBER G G. Use of fuzzy set theory for studies in probabilistic risk assessment. Fuzzy sets and systems, 1990, (37): 139-160

[117]VERMA D, KNEZEVIC J. A fuzzy weighted wedge mechanism for feasibility assessment of system reliability during conceptual design. Fuzzy sets and systems, 1996, 83(2): 179-187

[118]李守仁. 评价某舰炮击发装置可靠度的贝叶斯方法. 哈尔滨船舶工程学院学报, 1992, 13(3): 313-318

[119]汪建业, 邓丽. 冶金装备发展状况及振兴建议. 机械工业标准化与质量, 2008, 12: 12-14

[120]崔绍纲. 当前国内外冶金装备水平及发展趋向. 冶金设备, 1992, 6: 2-8

[121]马庆发. 工程心理学: 提升职业培训效能的钥匙. 江苏技术师范学院学报, 2004, 11: 5-7

[122]黄溢裙. 心理学理论与应用的完美结合——读《工程心理学与人的作业》. 应用心理学, 2003, 9(2): 64

[123]张惠明. 维修者应具备很强的责任心. 摩托车技术, 2005, 7: 42

[124]宋芳. 浅析高效团队管理在保留公司核心团队中的应用. 中小企业管理与科技, 2009, 28: 52

[125]杨庆. 项目管理中的团队建设. 中国科技博览, 2009, 28: 186

[126]谢捷, 曾亚森. 以液压油为主体的液压系统故障案例分析. 石油商技, 2007, 25(2): 50-55

[127]陈友文, 孟庆国, 柴天佑. 钢坯加热炉待轧决策方法及应用. 钢铁研究学报, 2005, 17(6): 34-38

[128]WANI M F, GANDHI O P. Maintainability design and evaluation of mechanical systems based on tribology. Reliability engineering & system safety, 2002, 77(2): 181-188

[129]SNYDER S H. Brain storming: The science and politics of opiate research. Cambridge: Harvard University Press, 1989: 140-179

[130]International Organization for Standardization. ISO6162-1-2002: Four-Bolt Flange Connection. Geneva: Federal Standards Press, 2002

[131]Society of British Automotive Engineers. SAE J518: Four-Bolt Flange Connection. New York: John Wiley & Sons

Inc, 2000

[132]SMS DEMAC corporation in Germany. SN532: Four-Bolt Flange Connection. Berlin: Springer Group, 1998

[133]成大先. 机械设计手册-第1卷. 北京: 化学工业出版社, 2002: 1-495, 512

[134]ROEDIGER H L, ZAROMB F M, GOODE M K. A typology of memory terms. Learning and memory: A comprehensive reference. Psychological review, 2008, 1: 11-24

[135]DALLENBACH K M. The relation of memory error to time interval. Psychological review, 1913, 20(4): 323-330

[136]ANG A H S, TANG W H. Probability concepts in engineering and design. New. York: John Wiley & Sons, 1975

[137]ROJO J, WANG J P. Tests based on L-statistics to test the equality in dispersion of two probability distributions. Statistics & probability letters, 1994, 21(2): 107-113

[138]JARDINE A K S, LIN D, BANJEVIC D. A review on machinery diagnostics and prognostics implementing condition-based maintenance. Mechanical systems and signal processing, 2006, 20(7): 1483-1510

[139]MARSEGUERRA M, ZIO E, PODOFILLINI L. Condition-based maintenance optimization by means of genetic algorithms and Monte Carlo simulation. Reliability engineering & system safety, 2002, 77(2): 151-165

# 附　　　录

## 附录 A　重要参考数据

附表 A-1　依托本项研究所完成的工程项目列表

| 序号 | 项目用户 | 加热炉类型 | 类型 | 竣工时间 |
|---|---|---|---|---|
| 1 | 天津轧一联成公司 | 1250 中厚板 1#步进式加热炉 △* | 新建 | 2006-12-03 |
| 2 | 常州常宝钢管公司 | 钢管热处理步进式回火炉　　* | 新建 | 2006-11-05 |
| 3 |  | 钢管热处理步进式淬火炉　　* | 新建 | 2006-11-05 |
| 4 |  | 钢管热处理步进式再加热炉　△ | 新建 | 2007-01-13 |
| 5 | 常州普莱森公司 | 钢管热处理步进式回火炉　　△ | 新建 | 2007-06-08 |
| 6 |  | 钢管热处理步进式淬火炉　　△ | 新建 | 2007-06-08 |
| 7 | 安徽天大钢管公司 | 钢管热处理步进式回火炉　　* | 新建 | 2007-01-28 |
| 8 |  | 钢管热处理步进式淬火炉　　* | 新建 | 2007-01-28 |
| 9 | 印度尼西亚 | 钢管热处理步进式回火炉　　△ | 新建 | 2008-12-26 |
| 10 |  | 钢管热处理步进式淬火炉　　△ | 新建 | 2008-12-26 |
| 11 | 鞍山无缝钢管公司 | 钢管热处理步进式回火炉　　△ | 新建 | 2009-02-17 |
| 12 |  | 钢管热处理步进式淬火炉　　△ | 新建 | 2009-02-17 |
| 13 | 湖北新冶钢公司 | 钢管热处理步进式再加热炉　△ | 改造 | 2008-04-02 |
| 14 | 天津轧一联成公司 | 1250 中厚板 2#步进式加热炉 △* | 新建 | 2011-09-10 |

注：仅包括工程总承包部分，表中标记"*"的工程项目，作者主要负责现场服务与调试；标注"△"的项目，作者主要负责系统研发与设计。

附表 A-2　液压系统计算模型变量参数表

| 参数含义 | 参数 | 程序变量代号 | 备注信息 |
|---|---|---|---|
| 升降框架质量 | $m_S$ | MS |  |
| 平移框架质量 | $m_P$ | MP |  |
| 支撑动梁质量 | $m_D$ | MD |  |
| 钢坯坯料质量 | $m_L$ | ML |  |

续表

| 参数含义 | 参数代号 | 程序变量代号 | 备注信息 |
|---|---|---|---|
| 斜轨座上升角 | $\theta$ | XITA | |
| 升降总载荷对应质量 | $m_1$ | M1 | $m_1 = m_S + m_P + m_D + m_L$ |
| 升降液压缸数量 | $K_1$ | K1 | |
| 升降液压缸总行程 | $L_1$ | L1 | |
| 升降液压缸活塞直径 | $D_1$ | D1 | |
| 升降液压缸低速段行程 | $L_{D1}$ | LD1 | |
| 升降液压缸低速段运行速度 | $V_{\min 1}$ | VMIN1 | |
| 升降液压缸高速段运行速度 | $V_{\max 1}$ | VMAX1 | |
| 升降液压缸起动加速时间 | $\Delta t_1$ | DT1 | |
| 升降液压缸高速运行时间 | $\Delta t_2$ | DT2 | |
| 升降液压缸换速运行时间 | $\Delta t_3$ | DT3 | |
| 升降液压缸低速运行时间 | $\Delta t_4$ | DT4 | |
| 上升工况加速度 | $a_1$ | A1 | |
| 工作主液压油泵数量 | $x$ | X | |
| 主液压油泵排量 | $V_b$ | VB | |
| 主液压油泵总流量 | $Q_S$ | QS | |
| 主泵电机转速 | $n$ | N | |
| 上升工况总运行时间 | $T_1$ | T1 | |
| 上升工况重力压强分量 | $P_G$ | PG | |
| 上升工况加速度压强分量 | $P_{as}$ | PAS | |
| 平移载荷对应质量 | $m_2$ | M2 | $m_2 = m_P + m_D + m_L$ |
| 平移液压缸数量 | $K_2$ | K2 | |
| 平移液压缸总行程 | $L_1$ | L1 | |
| 平移液压缸活塞直径 | $D_2$ | D2 | |
| 平移液压缸低速段行程 | $L_{D2}$ | LD2 | |
| 平移液压缸低速段运行速度 | $V_{\min 2}$ | VMIN2 | |
| 平移液压缸起动加速时间 | $\Delta t_5$ | DT5 | |
| 平移液压缸最高限定速度 | $V_{\max 2}$ | VMAX2 | |

注：表中程序变量代号是在编制计算程序时计算机中使用的变量代号。

# 附录 B 炉机与液压系统的工程施工照片

(a) 平移液压缸安装

(b) 升降液压缸安装

(c) 升降框架托辊安装

(d) 炉底机械总体结构

附图 B-1　某钢铁公司 1780 轧线步进式炉底机械的工程照片

(a) 液压阀台与循环冷却泵组

(b) 升降与平移控制阀

(c) 液压油箱与回油过滤器

(d) 液压管路与连接

附图 B-2　某钢铁公司 1780 轧线炉机液压系统的工程照片

# 附录 C 液压系统关键元件的主参数

### 附表 C-1 液压系统关键元件的主参数

| 二通比例节流阀 型号 TDAV1097E32LAF ||
|---|---|
| 制造商：派克汉尼芬 Parker | 响应时间（$P_x=50bar$）：35ms |
| 油液温度：$-20\sim+60$℃ | 油液体黏度：$20\sim380mm^2/s$ |
| 过滤精度：NAS 1638 9 级 | 重复精度：<1% |
| 滞环：<3% | 工作压力：350bar |
| 公称流量（$\Delta P=10bar$）：950bar | 最低工作压力：15bar |
| 防护等级：IP54 | 电磁铁电压：6V |
| 环境温度：$-20\sim+80$℃ | 公称电流：2.6A |
| 制造商：贺德克 HYDAC | 过滤器类型：双筒回油式 |
| 滤芯材质：BN/HC | 壳体材质：铝合金 |
| 工作压力：25bar | 切换形式：球阀 |
| 接口类型：SAE 法兰 DN100 | 过滤精度：5μm |
| 密封方式：氟橡胶 | 发讯器配置：带目视/电气发讯器 |
| 温度范围：$-10\sim+100$℃ | 指示灯配置：24V 指示灯 |
| 发讯压差：$\Delta P_a=0.2\sim2bar$ | 滤芯压降：25bar（最大） |
| 旁通阀开启压力：$\Delta P_o=0.5\sim3bar$ | 过滤器质量：108.0kg |
| 交流电动机 型号 Y2-280M-4B33-90KW-1480r/m ||
| 制造商：中国长江 | 额定功率：90kW |
| 额定电流：167A | 电机效率：92.5% |
| 功率因数：0.89 | 额定转速：2970r/min |
| 最大转矩：2.2TN | 堵转转矩：2TN |
| 轴向压力表 型号 213.53.100/250bar G1/2RUE ||
| 制造商：中国温州黎明 | 环境温度：$-25\sim+70$℃ |
| 表面直径：100mm | 精度等级：1.6% |
| 防护等级：IP65 | 介质温度：最高+100℃ |
| 测量范围：$0\sim25MPa$ | 制造材质：全不锈钢 |
| 高压胶管总成 型号 4SP20DKO-S(45)-20-05T-1500-V180 ||
| 制造商：西得福 STAUFF | 最高工作温度：125℃ |
| 胶管材质：四层钢丝缠绕编制 | 管坯长度：1500mm |
| 爆破压力：1400bar | 最高工作压力：350bar |
| 连接形式：45° 内螺纹 24° 锥管接头 | 装配角：90° |
| 公称通径：DN20 | 胶管内径：31.8mm |

续表

| 空气滤清器 型号 QUQ2-20X2.5 | |
|---|---|
| 制造商：温州黎明 | 工作压差：0.16 MPa(最大) |
| 空气滤清器 型号 QUQ2-20X2.5 | |
| 空气流量：2.5m³/min | 过滤精度：20μm |
| 工作介质：矿物油 | 工作温度：-20～+100℃ |
| 过滤网孔：0.5mm | 安装方式：6孔法兰(螺钉6-M4×8) |
| 主泵入口蝶阀带电气开关 型号 D71X-16-DN80 | |
| 制造商：中国辽阳华强 | 操作形式：手动对夹式 |
| 阀体材质：碳素结构钢 | 公称通径：DN80 |
| 公称压力：1.6MPa | 环境温度：-20～+90℃ |
| 恒压变量轴向柱塞泵 型号 A4VSO180DR22RPPB13N00N | |
| 制造商：博世力士乐 Bosch Rexroth | 泵体形式：斜盘轴向柱塞式 |
| 工作介质：矿物油 | 泵的排量：180cm³ |
| 峰值压力(B口)：400bar | 额定压力(B口)：350bar |
| 最小压力(S口)：0.8bar | 最大压力(S口)：30bar |
| 介质黏度：10～1000mm²/s | 介质温度：-25～+90℃ |
| 最高转速：2000r/min | 壳体泄油压力(最大)：4bar |
| 理论排量：180cm³ | 泵轴转向：顺时针 |
| 控制方式：恒压变量 | 密封材质：丁腈橡胶 |
| 轴伸形式：平键连接(DIN6885) | 安装法兰：4孔法兰 |
| 工作油口：SAE 侧面错开 90° | 通轴形式：无辅助泵，无通轴驱动 |
| 压力继电器 型号 EDS344-4-250-Y00+ZBE03+ZBM300 | |
| 制造商：贺德克 HYDAC | 接口类型：G1/4 外螺纹(DIN3852) |
| 电气连接：4芯黏合接头 | 输出形式：2路开关量输出 |
| 压力范围：0～250bar | 过载压力：400bar |
| 爆破压力：750bar | 显示精度：小于±1%全量程 |
| 重复精度：小于±0.5%全量程 | 模拟输出：4～20mA，电阻≤400Ω |
| 切换输出：PNP 晶体管 | 切换电流：最大 1.2A |
| 切换次数：1.2亿次 | 响应时间：10ms |
| 介质温度：-25～+80℃ | 环境温度：-25～+80℃ |
| 储存温度：-40～+80℃ | 额定温度：-10～+70℃ |
| 耐受振动：10g/0～500Hz | 耐受冲击：50g/1ms |
| 供电要求：20～32V(DC) | 电流消耗：100mA |
| 安全等级：IP65 | 接触介质：不锈钢与氟橡胶 |
| 外壳材质：不锈钢 | 压力显示：3位7段液晶数码管 |
| 插头形式：4芯直角黏插接头 | 仪器质量：300g |
| 直动式溢流阀 型号 DBD20S10P1X/315 | |
| 制造商：博世力士乐 Bosch Rexroth | 阀的类型：直动式溢流阀 |

续表

| | |
|---|---|
| 公称通径：DN20 | 调节元件：带护罩六角头螺丝 |
| 连接形式：多路阀底板安装 | 压力等级：315bar |
| 密封元件：丁腈橡胶 | 环境温度：-30～+80℃ |
| 工作压力(进口)：0～400bar | 工作压力(出口)：0～315bar |
| 介质污染：ISO4406 第 20/18/15 级 | 黏度范围：10～800mm²/s |

吸油减震喉　型号　JGD-DN80

| | |
|---|---|
| 制造商：中山可曲 | 最高工作压力：1.6MPa |
| 主体材质：氟橡胶 | 环境温度：-30～+100℃ |
| 公称通径：DN80 | 安装方式：法兰连接 |

管路单向阀　型号　M-SR25KE03-1X/G1 1/4

| | |
|---|---|
| 制造商：博世力士乐 Bosch Rexroth | 连接形式：插装式单向阀 |
| 最高工作压力：315bar | 公称通径：DN25 |
| 安装形式：直角式 | 工作温度：-20～+80℃ |
| 黏度范围：2.8～500mm²/s | 介质污染：ISO4406 第 20/18/15 级 |

测压接头　型号　SMK20-M16×1.5-PC

| | |
|---|---|
| 制造商：西得福 STAUFF | 密封件：丁腈橡胶 NBR |
| 最高工作压力：630bar | 爆破压力：2520bar |
| 工作温度：-30～120℃ | 连接形式：外螺纹 M16×1.5 |

循环螺杆泵组　型号　CHSNH440-L46W1Z/Y160L-6

| | |
|---|---|
| 制造商：中国黄山泵业 | 泵组类型：螺杆泵 |
| 输出流量：256L/min | 工作压力：1.5MPa |
| 电机功率：11kW | 轴功率：7.80kW |
| 泵组转速：950r/min | 黏度范围：3～760mm²/s |
| 旋转方向：左旋 | 结构特征：侧进侧出卧式安装 |
| 密封方式：轴承外置式机械密封 | 进口方向：左侧进口 |

冷却器　型号　TL400NCFN

| | |
|---|---|
| 制造商：萨莫威孚 Thermowave | 安装形式：板式水冷 |
| 装机面积：118m² | 接口尺寸：DN80 |
| 板架形式：标准框架 | 压力等级：16bar |
| 板架材质：纯不锈钢 | 密封材质：丁腈橡胶 |

温度继电器　型号　WSJ-150E(0-100)-DC24V-L=200 M27X2

| | |
|---|---|
| 制造商：中国辽阳华强仪表 | 测量范围：0～150℃ |
| 安装长度：200mm | 安装接口：M27×2 螺纹连接 |
| 供电方式：DC24V | 输出信号：4～20mA |
| 负载电阻：250Ω | 触点容量：DC24V3A |
| 环境温度：0～50℃ | 精度等级：1.0 |
| 硬尾长度：50～2000mm | 软尾长度：50～200mm |

续表

| 高压球阀 型号 YJZQ-J20W ||
|---|---|
| 制造商：中国盐城中液 | 安装接口：直通式管接头螺纹连接 |
| 工作压力：350bar | 公称通径：DN20 |
| 密封方式：聚四氟乙烯 | 阀体材质：碳素结构钢 |

| 二通插装阀 型号 LC50DR40E-7X ||
|---|---|
| 制造商：博世力士乐 Bosch Rexroth | 阀的类型：减压式插装阀 |
| 公称通径：DN50 | 关闭压力：4bar |
| 密封方式：丁腈橡胶 | 最大流量：1000L/min |
| 介质温度：-20~+80℃ | 黏度范围：2.8~380$mm^2$/s |
| 介质污染：ISO4406 第 20/18/15 级 | 最高压力：315bar |

| 液压球阀 型号 Q41F-16-DN65 ||
|---|---|
| 制造商：中国盐城中液 | 安装接口：法兰连接 |
| 工作压力：16~25bar | 公称通径：DN65 |
| 密封方式：聚四氟乙烯 | 阀体材质：碳素结构钢 |

| 单向顺序阀 型号 DZ30-3-5x/200 ||
|---|---|
| 制造商：博世力士乐 Bosch Rexroth | 结构形式：先导型 |
| 公称通径：DN32 | 调节部件：带锁刻度旋钮 |
| 设定压力：200bar（最大） | 环境温度：-30~+80℃ |
| 最高压力：315bar | 最大流量：600L/min |
| 黏度范围：10~800$mm^2$/s | 油液污染：ISO4406 第 20/18/15 级 |

| 比例方向阀 型号 4WRKE25W6-350-P-3X/6EG24K31F1/D3M ||
|---|---|
| 制造商：博世力士乐 Bosch Rexroth | 阀的形式：先导比例方向阀 |
| 公称通径：DN25 | 中位机能：W6 |
| 额定流量：350L/min（压差 10bar） | 特性曲线：带精调区域 |
| 线圈形式：线圈可拆比例电磁铁 | 电源电压：24V |
| 控制油路：外供外排 | 电气连接：不带插头 |
| 密封元件：丁腈橡胶 | 介质污染：NAS1638 第 7 级 |
| 储藏温度：-20~+80℃ | 环境温度：-20~+50℃ |
| 油液温度：-20~+80℃ | 滞环数值：≤1% |
| 放大器配置：内置于阀 | 阀的附件：带 ZDR6 减压阀 |
| 灵敏度值：≤0.5% | 供电功率：最大 72W，平均 24W |
| 控制信号：4~20mA | 信号类型：模拟量 |

| 升降液压缸 型号 WYX08CD250B360/250-1100.02AD ||
|---|---|
| 制造商：中国无锡长江 | 液压缸形式：差动式 |
| 活塞直径：360mm | 活塞杆直径：250mm |
| 最大行程：1100mm | 额定压力：250bar |
| 理论最大出力：2.54MN | 随带附件：线性位移传感器 |

| 平移液压缸 型号 WYX08CD250E250/180-650.02AD ||
|---|---|
| 制造商：中国无锡长江 | 液压缸形式：差动式 |

续表

| | |
|---|---|
| 活塞直径：250mm | 活塞杆直径：180mm |
| 最大行程：650mm | 额定压力：250bar |
| 理论最大出力：1.23MN | 随带附件：线性位移传感器 |
| 高压球阀 型号 BKH-SAE-FS-420-20 ||
| 制造商：中国盐城中液 | 安装形式：SAE 法兰 |
| 公称通径：DN20 | 阀体材质：优质碳素结构钢 |
| 电磁换向阀 型号 4WE6D6X/EG24N9K4B12 ||
| 制造商：博世力士乐 Bosch Rexroth | 阀的类型：电磁换向阀 |
| 最高工作压力：350bar | 最大流量：80L/min |
| 公称通径：DN6 | 中位复位：弹簧复位 |
| 手动操作：隐式手动应急操作 | 电气连接：无导线插座 |
| 电磁铁功率：30W | 供电方式：DC24V |
| 电压波动：±10% | 切换频率：15000 次/h |
| 接通时间：25~45ms | 关闭时间：10~25ms |
| 防护等级：IP65 | 线圈温度：150℃（最高） |
| 密封方式：丁腈橡胶 | 定位方式：不带定位销 |
| 环境温度：-30~50℃ | 油液污染：ISO4406 第 20/18/15 级 |
| 电磁溢流阀 型号 DBW16A3-5x/315G24N9K4R12 ||
| 制造商：博世力士乐 Bosch Rexroth | 阀的类型：先导式电磁溢流阀 |
| 阀的附件：带顶装方向阀 | 公称通径：DN16 |
| 开启方式：常闭 | 调节元件：带锁有刻度旋钮 |
| 设定压力：0~315bar | 控制油路：内控内排 |
| 供电电源：DC24V | 手动操作：带有隐式手动应急操作 |
| 节流器配置：方向阀 B 口 $\phi$1.2 节流器 | 密封方式：丁腈橡胶 |
| 电气连接：DIN EN175 301-803 接口 | 安装方式：底板连接 |
| 介质温度：-30~+80℃ | 介质黏度：10~800mm$^2$/s |
| 介质污染：ISO4406 第 20/18/15 级 | 环境温度：-30~+50℃ |
| 测压软管 型号 SMS-15-1000-A ||
| 制造商：西得福 STAUFF | 软管长度：1000mm |
| 压力等级：2400bar | 接头形式：M16×1.5 |
| 压力油过滤器 型号 DFBH/HC60TF5D1.X/-V-L24 ||
| 制造商：贺德克 HYDAC | 过滤器类型：高压过滤器 |
| 滤芯材质：4H/HC 滤芯 | 过滤器规格：DN60 |
| 压力等级：420bar | 连接方式：法兰连接 |
| 过滤精度：5μm | 发讯器配置：带目视/电气发讯器 |
| 密封方式：氟橡胶 | 指示灯配置：24V 指示灯 |

## 附录 D　依托本项目的研究作者发表的科技论文

[1]赵静一, 刘雅俊, 孙炳玉. 大型冶金步进式加热炉液压控制系统的国产化研究. 东北三省博士论坛, 2008:155-156(论文获东北三省博士论坛优秀论文奖)

[2]刘雅俊, 赵静一. 大型步进式加热炉液压控制系统研究与应用. 东北大学学报, 2008, 9(S2): 266-270 (EI 收录: 20083411474875)

[3]刘雅俊, 赵静一. 基于并联原理补偿液压系统可靠性的工程实践. 机床与液压, 2008, 36(10): 184-186

[4]刘雅俊, 闫军, 陈春明. 维修性设计原则在液压设备设计中的应用研究. 液压与气动, 2011, (8): 30-32(论文获中国冶金科工集团优秀论文三等奖)

[5]刘雅俊, 史露露. 冶金液压设备维护管理团队的分析. 机床与液压, 2012, (20): 165-166

[6]刘雅俊, 王海芳, 王昕煜. 一种大型炉门升降驱动平衡缓冲新型液压回路的设计与应用. 液压与气动, 2012, (8): 119-120

[7]刘雅俊, 杨阳, 刘艳敏, 等. 热轧工艺润滑液压喷射系统及其关键问题研究. 机床与液压, 2016, (20): 107-109

[8]刘雅俊, 杨阳, 刘艳敏, 等. 热连轧线阀控轧制润滑液压喷射系统的研究. 机床与液压, 2016, (22): 93-96

[9]刘雅俊, 杨阳, 史露露. 液压维修团队的构成分析与工作可靠性的提升方法. 河北科技师范学院学报(自然科学版), 2016, (4): 62-66, 86

[10]刘雅俊, 杨阳, 刘艳敏, 等. 步进式炉机的液压传动载荷模型与计算. 机床与液压, 2017, (20)

[11]刘雅俊, 杨阳, 刘艳敏, 等. 液压系统降额可靠性设计与元件配置优化. 机床与液压, 2018, (2)

[12]刘雅俊, 杨阳, 刘艳敏, 等. 液压与润滑站矿物油型工作介质温控策略的研究. 机床与液压, 2018, (4)

## 附录 E　依托本项目的研究培养专业技术人才

(1)为中冶集团研究设计院培养高级工程师 3 名, 中级工程师 5 名;
(2)为秦皇岛首秦金属材料有限公司培养高级工程师 1 名, 中级工程师 4 名;
(3)为燕山大学培养博士研究生 1 名, 硕士研究生 3 名。

# 附录 F 彩色插图

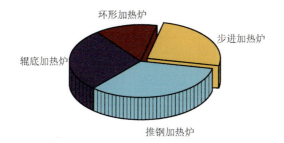

图 1-1 冶金工厂中加热炉应用构成

图 1-2 推钢式加热炉、步进式加热炉外观

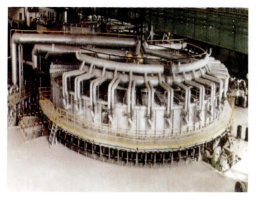 

图 1-3 环形加热炉、台车加热炉外观

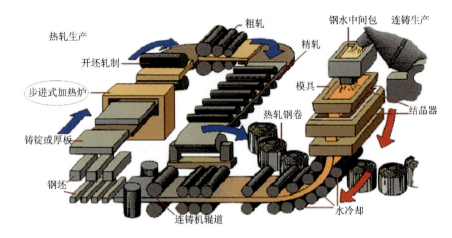

图 1-4　热轧钢板的生产工艺流程图

图 1-5　热轧板坯出炉瞬间与板坯

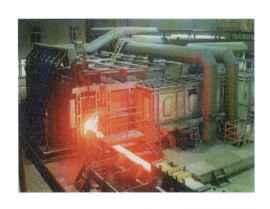

图 1-6　热处理炉钢管出炉瞬间与无缝钢管成品

附 录

(a)

(b)

图 1-11 加热炉中应用的步进式炉底机械

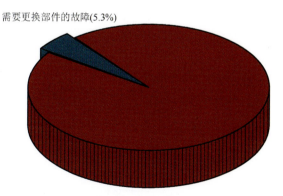

图 3-8 承载托辊的故障分类统计

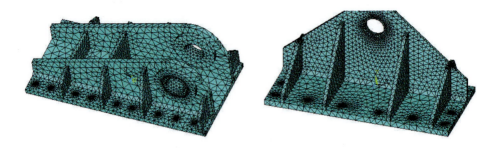

图 4-2　网格划分的有限元模型

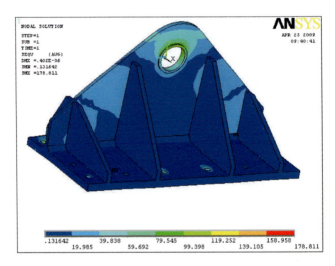

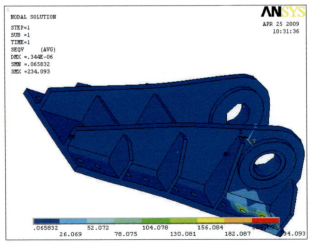

图 4-12　液压缸支座结构的应力云图